中国地质大学(武汉)实验教学系列教材
湖北省教学研究项目(2012136)资助

# 石油勘探构造分析
SHIYOU KANTAN GOUZAO FENXI

## 实习指导书
SHIXI ZHIDAOSHU

沈传波　唐大卿　张先平　唐　永　编著

中国地质大学出版社
ZHONGGUO DIZHI DAXUE CHUBANSHE

#### 图书在版编目(CIP)数据

石油勘探构造分析实习指导书/沈传波等编著.—武汉:中国地质大学出版社,2014.8
中国地质大学(武汉)实验教学系列教材
ISBN 978-7-5625-3506-5

Ⅰ.①石…
Ⅱ.①沈…
Ⅲ.①油气勘探-构造分析-高等学校-教学参考资料
Ⅳ.①P618.130.8

中国版本图书馆 CIP 数据核字(2014)第 167129 号

| | | |
|---|---|---|
| 石油勘探构造分析实习指导书 | 沈传波　唐大卿　张先平　唐　永 | 编著 |
| 责任编辑:舒立霞 | 责任校对:周　旭 | |
| 出版发行:中国地质大学出版社(武汉市洪山区鲁磨路388号) | 邮政编码:430074 | |
| 电　　话:(027)67883511　　　传　　真:(027)67883580 | E-mail:cbb@cug.edu.cn | |
| 经　　销:全国新华书店 | http://www.cugp.cug.edu.cn | |
| 开本:787毫米×1 092毫米 1/16 | 字数:192千字　印张:6.25　插页:5 | |
| 版次:2014年8月第1版 | 印次:2014年8月第1次印刷 | |
| 印刷:武汉教文印刷厂 | 印数:1—1 000册 | |
| ISBN 978-7-5625-3506-5 | 定价:16.00元 | |

如有印装质量问题请与印刷厂联系调换

# 中国地质大学(武汉)实验教学系列教材

## 编委会名单

主　任：唐辉明

副主任：徐四平　殷坤龙

编委会成员(以姓氏笔画排序)：

   马　腾　　王　莉　　牛瑞卿　　石万忠　　毕克成

   李鹏飞　　吴　立　　何明中　　杨明星　　杨坤光

   卓成刚　　罗忠文　　罗新建　　饶建华　　程永进

   董元兴　　曾健友　　蓝　翔　　戴光明

选题策划：

   毕克成　　蓝　翔　　郭金楠　　赵颖弘　　王凤林

# 前 言

石油勘探构造分析是资源勘查工程专业石油天然气地质方向本科生的专业课,也是能源地质工程和矿产普查与勘探专业的研究生专业选修课,是和当前石油行业生产实际联系最紧密的一门学科。课程以构造样式为主线,主要讲授应用现代石油勘探构造理论,结合国内外各种典型构造实例,分析不同构造环境下的含油气区域油气勘探中各类构造变形的几何样式、运动学过程、形成机制及其控油气作用。主要内容包括:构造样式的概念、分类、研究意义;伸展型、走滑型、挤压型盆地的构造样式以及底辟构造和反转构造的基本概念、基本特征、成因机制、研究方法及其与油气聚集的相互关系;流体作用类型、方式及流体作用与构造作用的相互关系;断层封闭性的定义、类型、封闭机制、评价方法及其油气意义等。教学的目的和内容决定了这门课程必须理论与实际相结合,重视实践教学。创新基于实践,始于问题。实践教学是巩固理论知识和加深对理论认识的有效途径,是培养具有创新意识的高素质专门人才的重要环节,更是培养学生科学思维方法、科学研究能力和创新能力,提高学生综合素质的重要平台。而地学教育本身最突出的特点就是其实践性。

为了加强学生实践能力的培养,结合新一轮教学计划,课程安排了一定学时的野外和室内实践教学,目的是为了突出对学生 4 个方面能力的培养。

## 1. 比较完整地建立起石油勘探中的构造观

石油勘探中的构造观是指在石油勘探中对各类构造的总体结构、形成和演化以及铸成构造的构造运动性质和动力来源的基本认识和观点。石油勘探中的构造观涉及到对构造地质学和石油地质学中一系列问题的综合认识及看法。通过实习要建立起一个对盆地构造认识的整体框架,如盆地内构造的空间几何形态、演化阶段的划分及构造形成的动力学机制,以及各级、各类构造与油气成藏及聚集相互关系的全面把握。

## 2. 能够有效地运用基本知识和理论进行构造分析

进行石油勘探构造分析时要以构造地质学和石油地质学的基本知识及理论为指导,并能有效地加以运用。石油勘探构造分析中需要运用的基本知识和理论主要有:构造地质学的应力分析原理、变形岩石应变分析基础、岩石破裂准则、构造的成因分析和构造样式等,石油地质学中有机成烃理论、烃类运移的流体动力学、成藏动力学及成油体系等理论。

## 3. 培养发现和分析相关构造问题的能力

在石油勘探研究分析中,发现和分析其中的构造问题,了解构造对油气成藏和聚集的影响、控制程度、空间范围、时间域是十分重要的。实习中要注意培养自己发现构造问题的能力,思考解决这些构造问题的相关理论知识和选择解决问题的方法及手段。

### 4. 掌握构造分析的基本内容、方法和流程

石油勘探构造分析涉及的学科方向多，要分析的内容及解决的问题多，可选择的方法和技术手段也多。因此，从不同的专业方向和研究角度对其基本内容、方法和流程有所不同和侧重。总的原则应该是以辩证唯物论作指导，以构造解析为基本原则（马杏垣，1983），该套方法较为系统地为观察、分辨、分析和处理构造建立了一条正确的构造观和方法论。构造解析包括几何学、运动学和动力学3个方面，而所谓"解析"是指一种思维方法，即"把整体分解为部分，把复杂的事物分解为简单的要素加以研究的方法。解析的目的在于透过现象看本质，因此，需要把构造现象的各个方面放在矛盾双方的相互联系、相互作用中去，放到构造的运动、演化中去，看看它们各在何种地位，各起什么作用，各以何种方式与其他方面发生相互制约又相互转化的关系等"。

本实习指导书是在多年科研和教学实践中不断总结经验的基础上编写而成。最早完成的简明实习讲义于2006年10月第一次试用于本科生的教学，截至目前已试用8届，取得了较好的教学效果，修课学生已逾600人，取得了明显的教学效益。本书前言、实习三、实习五、实习七、实习八由沈传波编写，实习一由唐大卿编写，实习二由张先平编写，实习四、实习六由唐永编写。全书由沈传波统稿。

在本书的编写中，引用了国内外大量的专著、教材、公开文献和内部资料；初稿完成后得到了梅廉夫、张树林、周江羽、石万忠等教授的审阅，提出了很多有益的修改意见；研究生葛翔、吴蕾、周俊林、赵志璞、姬红果等参与了部分工作。在此一并致谢！

本书可供选修含油气盆地构造学、石油勘探构造分析等课程的本科生和研究生教学实习使用。石油勘探构造涉及构造地质学和石油地质学中的很多领域，由于编著者水平有限，在实习内容安排和阐述上难免有疏漏和不妥之处，恳请广大读者批评指正。

编著者

2014年5月

# 目 录

**实习一 构造样式的地震解释** ……………………………………………… (1)
    一、实习目的和意义 ……………………………………………………… (1)
    二、实习内容 ………………………………………………………………… (1)
    三、实习要求 ………………………………………………………………… (1)
    四、实习步骤 ………………………………………………………………… (2)
    五、实习指导 ………………………………………………………………… (2)

**实习二 构造演化的平衡剖面分析** ……………………………………… (8)
    一、实习目的和意义 ……………………………………………………… (8)
    二、实习内容 ………………………………………………………………… (8)
    三、实习所用资料 …………………………………………………………… (8)
    四、实习所用软件 …………………………………………………………… (8)
    五、实习步骤 ………………………………………………………………… (9)
    六、实习指导 ………………………………………………………………… (18)

**实习三 构造-热演化的裂变径迹分析和模拟** ……………………… (24)
    一、实习目的和意义 ……………………………………………………… (24)
    二、实习内容 ………………………………………………………………… (24)
    三、实习所用资料 …………………………………………………………… (24)
    四、实习所用软件 …………………………………………………………… (24)
    五、实习步骤 ………………………………………………………………… (24)
    六、实习指导 ………………………………………………………………… (29)

**实习四 构造应力场的地质分析** ………………………………………… (35)
    一、实习目的和意义 ……………………………………………………… (35)
    二、实习内容 ………………………………………………………………… (36)
    三、实习所用资料 …………………………………………………………… (37)
    四、实习所用软件 …………………………………………………………… (39)
    五、实习步骤 ………………………………………………………………… (39)
    六、实习指导 ………………………………………………………………… (50)

### 实习五　构造变形的物理模拟实验 …………………………………………………… (52)

　　一、实习目的和意义 ……………………………………………………………… (52)

　　二、实习内容 ……………………………………………………………………… (52)

　　三、物理模拟实验装置和材料 …………………………………………………… (52)

　　四、物理模拟实验的一般步骤 …………………………………………………… (54)

　　五、实习指导 ……………………………………………………………………… (54)

### 实习六　构造应力场有限元数值模拟 …………………………………………… (55)

　　一、实习目的和意义 ……………………………………………………………… (55)

　　二、实习内容 ……………………………………………………………………… (55)

　　三、实习所用资料 ………………………………………………………………… (55)

　　四、实习所用软件 ………………………………………………………………… (55)

　　五、实习步骤 ……………………………………………………………………… (56)

　　六、实习指导 ……………………………………………………………………… (57)

### 实习七　江汉盆地王场油田构造综合分析 ……………………………………… (64)

　　一、实习目的和意义 ……………………………………………………………… (64)

　　二、实习内容 ……………………………………………………………………… (64)

　　三、实习要求 ……………………………………………………………………… (64)

　　四、实习步骤 ……………………………………………………………………… (64)

　　五、实习指导 ……………………………………………………………………… (67)

### 实习八　通山-纸坊野外实践教学路线 …………………………………………… (78)

　　一、实习目的和意义 ……………………………………………………………… (78)

　　二、实习内容 ……………………………………………………………………… (78)

　　三、实习要求 ……………………………………………………………………… (78)

　　四、主要观察点 …………………………………………………………………… (79)

　　五、通山-纸坊实习区地质背景 ………………………………………………… (82)

**主要参考文献** ……………………………………………………………………… (84)

**附录一　典型盆地构造样式的地震剖面（插页）**

**附录二　国际地层表（插页）**

**附录三　中国区域地层时代表** …………………………………………………… (87)

**附录四　实习报告的编写格式** …………………………………………………… (89)

**附录五　课堂讨论推荐题目** ……………………………………………………… (91)

# 实习一　构造样式的地震解释

## 一、实习目的和意义

地震解释是开展盆地沉积、构造、储层分析及油气成藏研究的重要基础工作,其核心是依据地震剖面反射特征,应用地震勘探原理、地质学理论及相关技术软件等,赋予地震反射信息明确的地质意义和概念模型。

本次实习将通过对不同构造背景下(伸展、挤压、走滑及反转)形成的典型构造样式进行精细构造解释,了解地震剖面的基本信息及其含义,明确开展地震资料构造解释的基本流程,掌握常见构造现象的地震反射特征及其识别标志,理解不同构造样式的发育背景及演化过程,能够独立进行地震资料构造解释以及对解释结果作出合理的地震地质综合分析。

## 二、实习内容

(1) 了解地震剖面的基本信息及其含义,包括剖面要素,横坐标、纵坐标特征及含义,反射同相轴特征等。

(2) 地震资料构造解释基本流程,主要包括:资料收集、工区建立、层位标定、层位解释、断层解释、特殊地质现象解释、断裂组合、构造成图。

(3) 不同构造成因(伸展、挤压、走滑及反转)典型构造样式的反射特征识别和构造解释。具体包括:①伸展构造。基底反射特征、地堑或半地堑结构特征、边界正断层、潜山构造、地堑、地垒、断阶、牵引构造、不整合面等(实习剖面见附图1)。②挤压构造。基底反射特征、褶皱、逆冲断层特征、断层性质及活动期次、不整合面、地层剥蚀特征、地层超覆特征及其地质意义等(实习剖面见附图2)。③走滑构造。基底反射特征、地层变形情况、走滑断裂产状及平剖面特征、花状构造等(实习剖面见附图3)。④反转构造。基底反射特征、断裂及褶皱、断层性质、活动期次、不整合面、地层剥蚀特征、地层发育特征及其地质意义等(实习剖面见附图4)。

## 三、实习要求

(1) 识别基底、沉积地层和断层的地震反射特征,完成伸展构造地震剖面(附图1)主要地层界面和断层解释,分析其典型构造样式及成因。

(2) 识别基底、沉积地层、不整合面和断层的地震反射特征,完成挤压构造地震剖面(附图2)主要地层界面和断层解释,分析其典型构造样式及成因。

(3) 识别走滑断层地震反射特征,完成走滑构造地震剖面(附图3)主要地层界面和断层解释,分析其典型构造样式及成因。

(4) 识别反转构造、不整合面、断层及地层超覆的地震反射特征,完成反转构造地震剖面(附图4)主要地层界面和断层解释,分析其典型构造样式及成因。

## 四、实习步骤

(1) 观察并了解地震剖面的基本信息及其含义。
(2) 了解地震资料构造解释基本流程。
(3) 开展课堂讨论,阐述断裂、褶皱、不整合、地层超覆、潜山、反转构造等地质现象的识别标志,识别不同构造成因(伸展、挤压、走滑及反转)典型构造样式的地震反射特征。
(4) 分别在剖面图上开展4种构造类型地震剖面的层位及断层解释。
(5) 开展课堂讨论,分析4条剖面反映的地质含义并简要阐述各种构造类型地震剖面的地层发育特征、断裂构造样式及构造演化史。
(6) 提交地震解释剖面图。

## 五、实习指导

构造样式是指同一期构造运动或在同一应力环境下所产生的构造变形组合,它们应具有相似或相同的构造特征和变形机理。构造样式分析包括几何学、运动学、动力学和时间四大要素(姚超等,2004)。几何学分析是通过地表观察和地震剖面解释来获得二维及三维构造图像,将各种变形组合的应变场和应力场结合起来;运动学分析是将构造样式置于板块运动背景中,对构造位移变化进行分析;动力学分析主要考虑构造形成机制,刘和甫(1993)以地球动力学背景为基础,强调构造样式与成盆动力学具有一致性,划分出伸展构造样式、压缩构造样式和走滑构造样式三大系统,如拉张环境形成的正断层及其组合——地垒和地堑,挤压环境形成的逆断层及其组合——背冲断块(断背斜、背冲隆起),对冲断块,冲断带等。此外,构造的形成具有一定时限,因此,构造样式不仅具有地区性,而且具有时代性,现今的构造样式既可能是某一特定地质时期构造运动的产物,也可能是多期构造运动叠加改造的产物。表1-1所列构造样式为中国含油气盆地同一期构造变形或同一应力作用下所产生的构造的总和,其中包括受构造应力、浮力和重力作用而形成的挤入构造,以及由其引起的地层剥蚀、尖灭、超覆、不整合等叠加在其上的更加丰富、复杂的构造。

在实习过程中,首先需要对各种盆地类型、板块构造位置、应力场特征、不同动力背景产生的典型构造样式等有个总体了解,在此基础上还应掌握研究地区或解释剖面的大地构造位置、所属盆地类型、地层发育特征、区域应力场的转换情况、不整合面特征、构造演化阶段等地质背景,进而正确高效地指导地震剖面构造解释工作并最终提出一套符合研究区地质规律的合理解释方案。

下面对本次实习所涉及的构造类型及其相关的基本地质特征作简要介绍。

### 1. 伸展构造

伸展构造是在水平伸展构造体制下形成的构造系统。马杏垣(1985)根据拉张构造发育于岩石圈演化的不同阶段和不同构造环境,将大型拉张构造划分为:地堑、裂谷、半地堑、盆-岭构造、大型断陷盆地、裂陷槽、滑脱断层及其相关的韧性流动带、岩墙群等，它们构成了不同尺度、不同层次的拉张构造典型样式。含油气盆地基本构造单元——断陷或箕状断陷均是一种大中尺度的拉张构造，而小尺度的构造是盆地内部的拉张构造，它们是油气聚集的有利圈闭场所。常见的断陷或箕状断陷盆地内部典型伸展构造样式包括地堑、地垒、正向或反向断阶、潜山构造、滚动背斜等。

表 1-1　中国含油气盆地构造样式分类表（据姚超等，2004）

| 类型 | 主要应力 | 构造要素 | 运动方式 | 储存环境 | 主要油气圈闭 | 复式油气聚集带 |
|---|---|---|---|---|---|---|
| 伸展构造 | 拉张 | 正断层系统 | 上盘相对下滑，水平伸展 | 被动边缘、离散边缘、裂谷盆地、弧后盆地 | 滚动背斜、潜山构造、断层圈闭、凹中隆或凹间隆 | 滚动背斜带、潜山-披覆背斜带、斜折带、断阶带 |
| 挤压构造 | 挤压 | 逆断层系统 | 上盘相对上冲，水平收缩 | 汇聚边缘、前陆造山带、核部海沟内侧斜坡盆地 | 断弯褶皱背斜、断展褶皱背斜、断滑褶皱背斜、冲起构造、双重构造、基底挠曲隆起 | 逆掩推覆构造带、挤压背斜构造带、中央挠曲古隆起带 |
| 走滑构造 | 剪切力偶 | 剪切断层系统 | 两盘相对水平运动 | 转换边缘、走滑拉分盆地 | 正花状构造、负花状构造、雁列褶皱、雁列断块 | 走滑断裂斜接带、走滑断裂构造带、走滑断裂交切带 |
| 反转构造 | 拉张和挤压 | 正、逆断层复合系统 | 水平伸展或挤压 | 前陆盆地、伸展盆地、走滑盆地 | 正反转构造、负反转构造 | 挤压反转背斜带、挤压反转断裂带 |
| 重力与热力构造 | 重力及地幔热流体诱导力 | 塑性流及密度、势能差异、温度、压力和流体流动 | 垂向运动、侧向运动 | 前陆盆地、伸展盆地、走滑盆地 | 泥岩底辟构造、盐岩底辟构造、火成岩底辟构造、差异压实背斜、重力滑动构造、重力滑覆构造 | 底辟拱升背斜带、牵引背斜断鼻带、重力滑动褶皱带、重力滑动断阶带、火山刺穿构造带 |

实习剖面（附图1）选自渤海湾盆地济阳坳陷东营凹陷。渤海湾盆地是中国东部较为典型的中新生代复式断陷盆地，济阳坳陷面积为 26 000 km²，由东营、惠民、沾化、车镇凹陷和若干凸起组成。东营凹陷位于济阳坳陷的东南部，是济阳坳陷的一个次级构造单元，由民丰洼陷、滨南-利津洼陷、牛庄洼陷、博兴洼陷 4 个沉积洼陷及多个断裂带（又称中央隆起带或中央背斜隆起带）组成，它东西长 90 km，南北宽约 65 km，总面积 5 700 km²，总体呈现为一北西正断、东南超覆的半地堑盆地（图 1-1）。该区新生界自下而上依次发育古近系孔店组（细分为孔三段、孔二段和孔一段）、沙河街组（细分为沙四段、沙三段、沙二段和沙一段）、东营组（细分为东三段、东二段和东一段），新近系明化镇组与馆陶组。

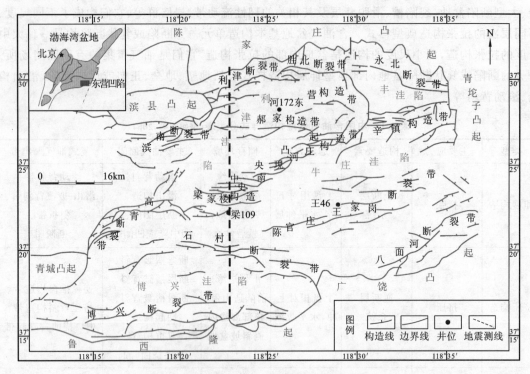

图 1-1 东营凹陷构造区划及主要断裂体系分布图

## 2. 挤压构造

挤压构造的动力学背景为板块与板块碰撞形成造山带,在造山带一侧或造山带内部形成挤压型盆地,这些盆地在挤压应力作用下,形成各种样式的挤压构造(杨克绳,2006)。挤压构造主要分布在造山带前缘挤压盆地中,造山带前缘常常成排成带地出现冲断褶皱构造,挤压构造在靠近造山带常有基底卷入,而远离造山带一般只在盖层中滑脱,因此可分为基底卷入型厚皮构造和盖层滑脱型薄皮构造。常见挤压构造样式包括对冲构造、背冲构造、反冲构造、叠瓦状构造、断展褶皱、断弯褶皱、断滑褶皱等。

实习剖面(附图 2)选自塔里木盆地巴楚隆起区。巴楚隆起位于塔里木盆地中央隆起带西端,是一个由西北向东南倾没的大型扭曲断隆。隆起西北边以柯坪塔格断裂为界与柯坪隆起相接,北东侧以阿恰—皮恰克逊断裂带、吐木休克断裂带和巴东断裂带为界与阿瓦提凹陷及塔中隆起分开,西南部以色力布亚-玛扎塔格断裂带为界与麦盖提斜坡相邻,东南部以塘北弧形断裂带为界与塘古巴斯凹陷接壤,总面积约 45 000 km²(图 1-2)。塔里木盆地从寒武纪以来经历了加里东期、海西期、印支—燕山期和喜马拉雅期 4 大演化阶段(张恺,1990;汤良杰,1994;林畅松等,2011),发育了 8 个关键构造变革期,即加里东早期、加里东中期Ⅰ幕、加里东中期Ⅲ幕、加里东晚期—海西早期、海西晚期、印支—燕山期、喜马拉雅中期和喜马拉雅晚期,而其余时期盆地构造相对稳定。在上述关键构造变革期中,塔里木板块既有水平方向的拉张与挤压,也有垂直方向的隆升与沉降,而且有的时期还具有不同应力场复合共存的特征,因此,处于盆地中西部的巴楚地区在不同的构造旋回中,其断裂发育特征具有显著的差别。

钻井与露头剖面揭示,巴楚隆起大部分地区缺失中生界,仅和 2 井、巴东 2 井钻遇三叠系,自上而下发育的沉积地层为第四系、第三系(古近系＋新近系)、二叠系、石炭系、泥盆系、志留系、奥陶系、寒武系、震旦系,其中在巴楚隆起-麦盖提斜坡的中寒武统和麦盖提斜坡的古近系底部发育了两套膏盐层,成为本地区重要的滑脱构造层。

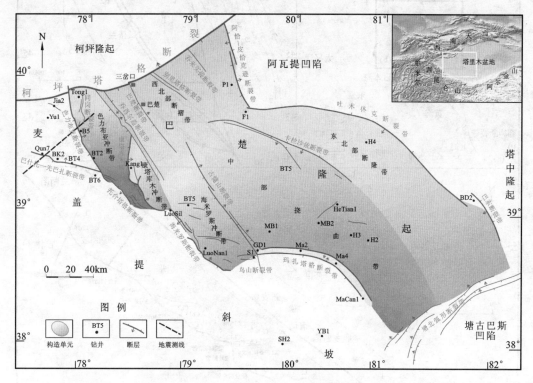

图 1-2 巴楚隆起构造区划及主要断裂体系分布图

## 3. 走滑构造

走滑作用是由扭应力或剪应力引起地壳或岩石圈沿着某些构造边界或特定的构造带发生走滑变形的构造作用。大陆动力学机制中走滑作用起到极为重要的作用,既调节造山带的斜压运动或差异压缩,也调节同造山期的伸展作用;既可以作为造山作用过程的机制,又成为盆地形成的机制(刘和甫等,1999)。走滑作用有 3 种方式,即平行扭动、聚敛扭动(压扭)和离散扭动(张扭)。走滑和扭动构造是地壳水平运动的重要表现形式,走滑构造的典型特征包括大尺度的走滑断裂、雁列构造、正(负)花状构造、海豚效应、丝带效应等。

实习剖面(附图 3)选自伊通盆地岔路河断陷。伊通盆地位于吉林省长春市和吉林市之间,呈 NE45°方向延伸,长 140 km,宽 12～20 km,面积约 2 500 km²;构造上位于郯庐断裂带北段的依兰-伊通分支断裂带南段,属于受北东向两边界走滑断裂控制、夹持在两大断隆之间的狭长盆地(图 1-3)。伊通盆地西北侧以大黑山为界与松辽盆地相隔,东南侧为宽广的那丹哈达岭,西南侧以东辽河断裂为界与叶赫隆起相邻,东北侧以第二松花江断裂为界与舒兰断陷相邻。盆地次级构造单元包括莫里青断陷、鹿乡断陷和岔路河断陷 3 个二级构造单元,并可进一步划分为西北缘断褶带、尖山构造带、万昌构造带等 14 个三级构造单元。

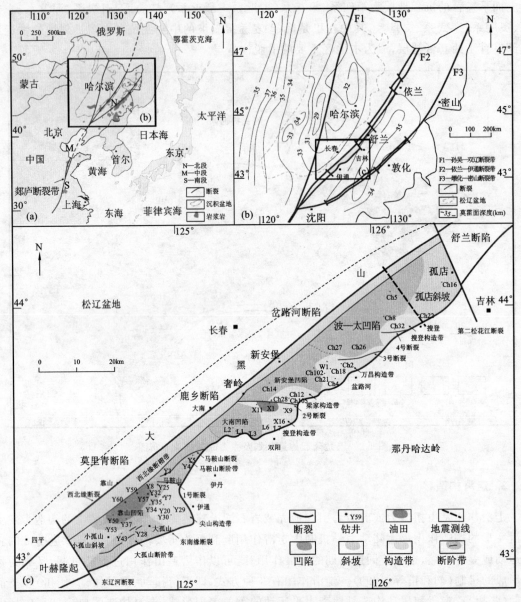

图 1-3 伊通盆地构造位置与构造单元划分图

伊通盆地地表被第四系大面积覆盖,仅在盆地边缘见到零星分布的新近系、白垩系和侏罗系露头。据钻井和地震资料揭示,盆地基底岩系为海西期和燕山期花岗岩,年龄为67~152 Ma,局部为晚古生代变质岩。盆地内主要为古近系,地层厚度为2 000~6 000 m;侏罗系—白垩系在岔路河断陷内零星分布。新生代地层自下而上为始新世双阳组、奢岭组、永吉组,渐新世万昌组、齐家组和新近纪岔路河组及第四系,地层总体具有西北厚、东南薄的特征,齐家组主要分布于岔路河断陷,与上覆岔路河组之间发育了一个大型的区域性角度不整合面(Tn)。

### 4. 反转构造

在沉积盆地形成与演化过程中,很多断层(尤其是控盆、控坳的基底断层)往往经历了多期构造活动,而且在不同期次的活动过程中可能曾发生过错动方向和力学性质的变化。因此,我们观测到的或解释出的断裂状态通常为两期或多期断块运动叠加的现今总效果。根据力学性质和构造运动学特征,将构造反转分为正反转(Positive Inversion)和负反转(Negative Inversion)两种基本形式。早期的负向构造反转为正向构造、早期的正断层反转为逆断层等属于正反转,反之属于负反转。通过构造反转形成的地质构造称为反转构造(Inversion Structure)。二者的关系为过程与结果的关系,即因果关系。反转构造是一种特殊的叠加构造,其形成演化经历了两个独立而相反的变形阶段,即先伸展后收缩,或先收缩后伸展,前期构造面貌不同程度地被后期相反的构造面貌抵消、取代或复杂化。

若按广义的理解,反转构造也可以认为是地质构造演化过程中伸展构造系统和收缩构造系统相互转换及相互作用的产物,它与动力条件的改变有关,是在不同阶段的不同动力条件下,构造变形或体系的叠加构造样式。

油气勘探实践证明,构造反转是含油气盆地构造演化过程的一种常见形式,世界许多著名的含油气盆地都已发现了含油气的反转构造,如美国中蒙大拿盆地、新西兰塔拉纳基盆地、北海南部盆地、马来西亚盆地、东南亚海盆地等。我国众多含油气盆地是世界上研究反转构造的最理想区域。无论是东部盆地还是西部盆地群,其地质构造均经历了后期挤压隆升-侵蚀的正反转作用或后期拉张断陷的负反转作用,形成一系列风格不同、影响油气成藏的反转构造组合系统。

实习剖面(附图4)选自北海南部盆地。

# 实习二 构造演化的平衡剖面分析

## 一、实习目的和意义

平衡剖面就是指将剖面中的变形构造通过几何原则和方法全部复原的剖面,是全面准确地表现构造的剖面。利用平衡剖面技术对盆地的构造发育史进行复原,可直观地再现地下地质构造的原始几何形态,提供野外观测剖面、室内地震剖面的构造方案,并对解释结果进行正确性检验。

本次实习将以实习一中伸展盆地典型横剖面的精细解释结果为基础,利用目前广泛使用的 2Dmove 软件,进行平衡剖面恢复,使学生了解并掌握平衡剖面分析的软件及其操作方法,更深入地理解该类盆地的构造形成演化史。

## 二、实习内容

(1) 了解渤海湾盆地东营凹陷的区域构造演化史。
(2) 了解平衡剖面技术的基本原理、计算方法、制作原则和基本步骤。
(3) 掌握 2Dmove 软件操作,选择东营凹陷完成其关键构造变革期的平衡剖面分析。
(4) 综合区域资料和实习获得的构造发育史剖面,分析东营凹陷的构造形成演化过程,完成课程实习报告。

## 三、实习所用资料

(1) 实习一中东营凹陷区域构造横剖面的地震地质解释成果(附图1,解释所有断层和层位)的 jpg 格式图件及其剖面实际长度。
(2) 附图1的时深关系数据表或关系式[本次实习采用 $y = 139.19x^2 + 904.75x + 10.013, R^2 = 0.9987$,$x$ 代表双程时间,单位是秒(s),$y$ 代表深度,单位是米(m)]。
(3) 附图1的剥蚀相关数据,包括剥蚀时间、剥蚀厚度和剥蚀范围等(本次实习设定附图1中井1剥蚀厚度为300m左右,古近系末期剥蚀间断时间在 4 Ma 左右)。
(4) 东营凹陷的构造特征及其演化过程方面的相关调查研究资料等。

## 四、实习所用软件

2Dmove 是一套功能强大的二维平衡剖面分析工具,可在局部和区域的尺度上建立、平衡、恢复和分析二维构造解释结果,通过它的一系列分析,可得出可信、平衡及复原的古构造模型,包括局部地壳均衡和弯曲均衡、去压实、深度转换和埋藏史分析等。它可解决构造解释中存在的不确定性问题,无论是野外地质观测剖面,还是二维、三维地震地质解释剖面,它的确能够严谨而有效地解决"所研究地质模型会怎样"和"地质模型最可能这样"的问题。本次实习中将采用的软件是2009.1的试用版。

## 五、实习步骤

**1. 选择剖面,准备相应基础数据包**

选择的剖面线方向应该与构造作用的方向一致或者趋于一致,也就是说,要垂直于构造的走向或者近似垂直于构造走向,本次实习选择实习一的附图1、附图2的剖面,并准备好其相应基础数据包。

**2. 打开 2Dmove 软件,导入地震解释时间剖面图片文件(或加载地震数据体)**

打开软件(图2-1),新建 Section 窗口,将会弹出相应对话框(图2-2)。在 Units 复选框中选择 $X$、$Y$(一般选择 km)、$Z$(一般选择 ms)的坐标单位;在 Position 复选框中选择 Section 而不是 World,再根据剖面特征填写剖面长度(Left 一般为0、Right 为剖面实际长度)和剖面深度(Top、Base 填写导入剖面的顶底时间值)。

再在新建的 Section 窗口中导入解释好的地震剖面图片(图2-3),此时一定要注意让导入剖面的纵坐标时间轴和左侧时间刻度标尺一致[图2-3(a)],而不是图片顶部和左侧时间零刻度一致[图2-3(b)]。具体做法就是裁剪掉剖面的顶、底部,使其顶、底值和图2-2中的 Top、Base 值一致。比如附图1顶、底裁至250 ms、3 250 ms 刻度线上。

导入成功后,保存自命名的 *.mve 文件(为保证后期能正常打开和数据链接正确,建议保存在默认目录下)。

**3. 时深转换,把时间域剖面转为深度域剖面**

在主界面点击主菜单 Operations→Depth Convert,进入 Convert to Depth 窗口(图2-4),在右下方下拉菜单中选择、给定时深关系式的对应函数。例如时深关系符合一元二次方程就选 Quadratic,再依次填入 $a$、$b$、$c$、$d$ 值,点击 Apply,时间剖面就可转为深度剖面。

如果提前用别的方法和软件进行时间域到深度域的剖面转换,即导入的剖面就是深度域的剖面,就不需要在 2Dmove 软件中做时深转换了。

实践证明,利用 2Dmove 软件做时深转换,如果时深关系比较粗略、速度随深度变化较大,得到的深度剖面在水平方向上需放大5~10倍才能看着协调,所以建议直接导入深度剖面。

**4. 描摹或解释层位和断层,矢量化深度域剖面**

描摹断层线、层位线,即创建 Polyline;加上剖面左右垂直边界线,即创建 Post;利用每个断块周缘的 Polyline 线和 Post 线联合造区填色,即创建 Polygon。

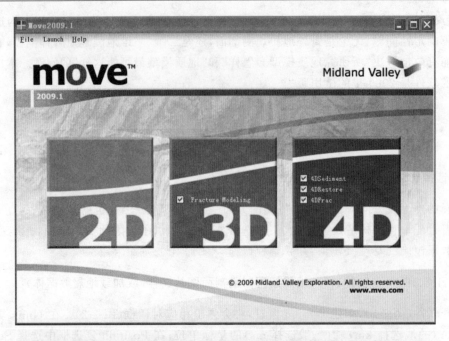

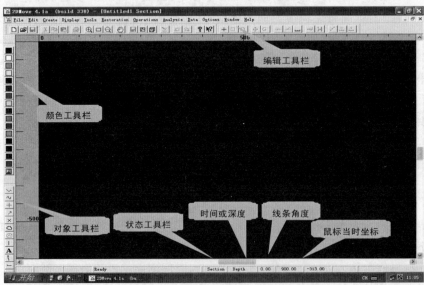

图 2-1　2Dmove 软件初始界面图

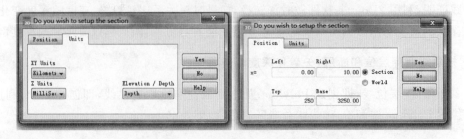

图 2-2　新建 Section 弹出窗口

## 实习二 构造演化的平衡剖面分析

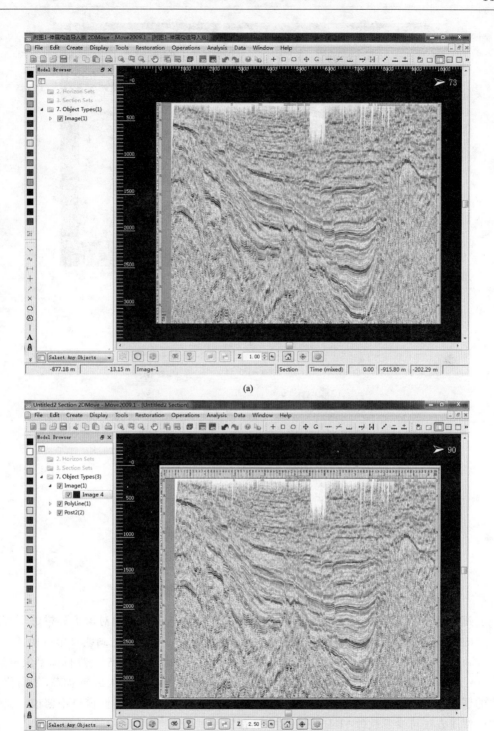

图 2-3 导入解释地震时间剖面

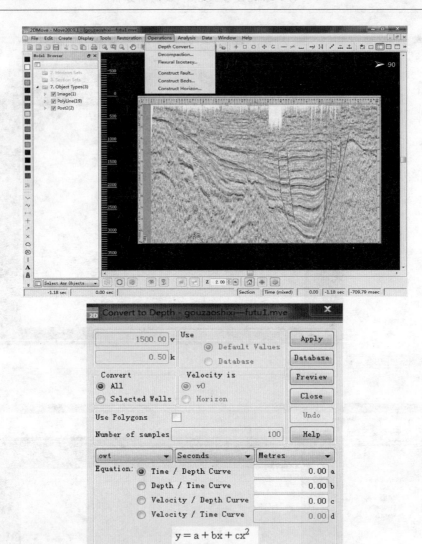

图 2-4 时深转换界面

创建 Polyline 和 Post 时先选择左侧颜色盒的颜色,再点击左下角对象工具栏的下拉箭头选择线的宽度,最后点选左下角的点折线快捷菜单(先选线属性再点击画线菜单可使其成为缺省值。每画一根线,需再点击一次点折线快捷菜单),沿已解释层位和断层进行描摹矢量化[图 2-5(a)]。如果描摹过程中需要修改位置,可选中后点击右键菜单进入编辑状态,如需修改某条线的属性,如名称、颜色、粗细、线集合等,均可进入右键菜单中的属性窗口中修改。具体线操作的快捷方法可参看软件 Help 菜单提供的帮助。

描摹完所有层位和断层线后,就可给每个断块造区填色,在创建 Polygon 时,一定要注意 3 个问题:一是先要用 Post 创建一个基准面线,即水平线;二是为保证层位线和断层线的充分闭合可对层位线进行必要延伸,再选择上部编辑工具栏中 Tidy 菜单去掉多余线头[图 2-5(a)];三是严格按照顺时针或逆时针选取断块周缘的每根线(包括 Polyline 中的层位线、断层线和 Post 中的边界线)来造区,需按住 Ctrl 键选择所有涉及 Polyline 和 Post 集合中的

实习二 构造演化的平衡剖面分析 · 13 ·

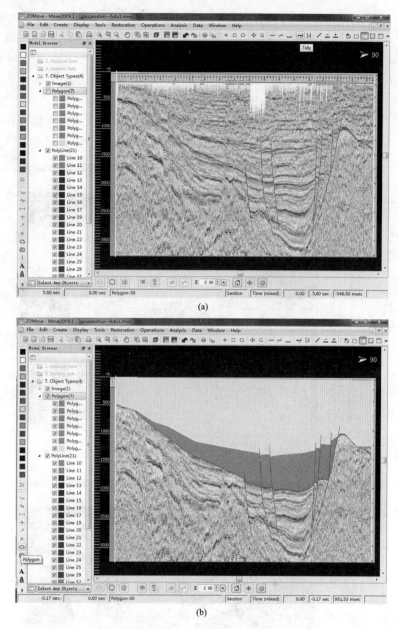

图 2-5 描摹和造区界面

线条。

一定要注意每个层位都用不同颜色表示,但同一层位的多个断块填色要统一。每个断块都成功造区填色后[图 2-5(b)],再次保存自命名的 *.mve 文件(命名注意自明性)。在创建完 Polygon 后,可在左侧文件管理窗口中关掉底图 Image。

**5. 去压实恢复**

在主界面点击主菜单 Operations→Decompaction,进入 Decompaction 窗口[图 2-6(a)]。首先在左侧 Top Beds 中填入要回剥掉的地层涉及的所有填色断块,比如图 2-6(a)中先剥掉顶部的黄色地层,就在主窗口左侧文件管理窗口中按住 Ctrl 键选择所有黄色 Polygon,再点击 Decompaction 窗口中 Top Beds 下方的 Add 键。其次在左侧 Base Beds 中填入剩下所有地层涉及的填色断块,比如把图 2-6(a)中剩下的所有灰色地层断块 Polygon 点击 Add 键加入。最后在左侧的 Intermediate Beds 中填入除剥掉 Polygon 外的所有剩余 Polygon、所有 Polyline 和 Post 集合中的线条,并勾选左下角 Use Polygons 前的方框。

在 Decompaction 窗口的右侧边界条件窗口中,可根据已知地区的实测数据补充填上。最后点击右上方 Apply 键,就可实现回剥地层后的剩余地层去压实回弹[图 2-6(b)]。

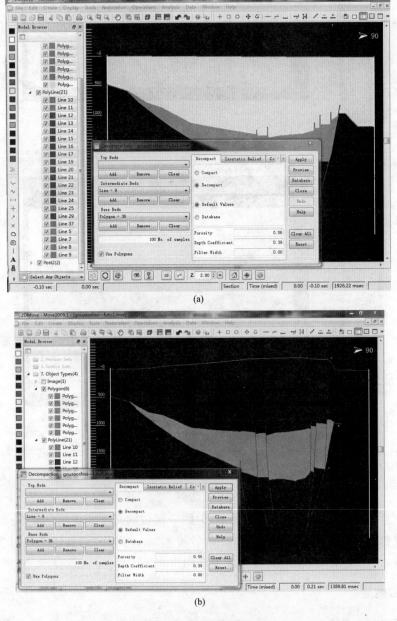

图 2-6 去压实界面

在某套地层去压实结束后,去掉上部多余地层线,并保存阶段性*.mve文件。

**6. 去断距恢复**

在主界面点击主菜单 Restoration→Fault Parallel Flow,进入 Fault Parallel Flow 窗口[图 2-7(a)]。在左侧 Move By 复选窗口中选择 Point 方法消除断距。

图 2-7(a)中上部 Fault 复选框中添加待消除断距的断层,这时可看到左侧 Move By 复选窗口下方的 Pick 菜单激活,点击它,沿断层面画上消除断距的钉线(可以是曲线)。一般假设下盘不动,如果是正断层,钉线箭头朝上。如果是逆断层,钉线箭头朝下。为保证消除断距精确,最好把待消除断距的断面附近放大若干倍,使钉线首尾两端准确吻合顶部地层沿断面的滑动轨迹。

图 2-7(a)中下部 Objects to be Moved 复选窗中需添加待消除断距的断层上盘一侧的所有 Polygon 和 Polyline,选取同区域不同属性物件的快捷方法是点击编辑工具栏中 Select Freehand 菜单,光标变成笔状,圈上所有待选的物件后,按住 Ctrl 键在所圈范围点击左键,光标变回十字形,点击 Add 键即可添加所圈物件。

上述设置完毕后,点击图 2-7(a)右上方 Apply 键,就可恢复该条断层断距[图 2-7(b)]。依此方法,消除该时期所有主要断层的断距(由主及次),在此阶段可去掉明显不控地层沉积的后生断层,并保存阶段性*.mve文件。

**7. 剥蚀量恢复**

若恢复断距后的阶段性剖面的顶部地层恰好具有剥蚀记录,则需按剥蚀范围、剥蚀厚度沿顶部层位线恢复剥蚀量,即把剖面上的顶部层位线、断层线恢复到剥蚀前的高度范围。与之相应的,顶部地层的层位线 Polyline、断块填色区 Polygon 都要做相应修改调整,并保存恢复剥蚀量的阶段性*.mve文件。

若恢复断距后的阶段性剖面的顶部地层无剥蚀现象,则直接跳过该步骤而进入下一步。

**8. 层拉平恢复**

在主界面点击主菜单 Restoration→Restore,进入 Restore 窗口[图 2-8(a)]。在图 2-8(a)左上侧 Restore to 复选窗口中选择 Elevation 来层拉平。左下方 Template Line(s)复选窗口中选择待拉平的层位线[顶层的所有 Polyline,若地层有部分剥蚀缺失,需先采用步骤 7(剥蚀量恢复)方法恢复剥蚀量,若地层出现沉积间断,则需沿不整合面编辑补齐层位线]。在图 2-8(a)中下方 Other Objects 复选窗口中选择所有剩余物件,包括 Polygon 和 Polyline。最后点击图 2-8(a)右上方的 Apply 键,就可层拉平该层[图 2-8(b)]。在此阶段也可去掉明显不控地层沉积的后生断层,并保存阶段性*.mve文件。

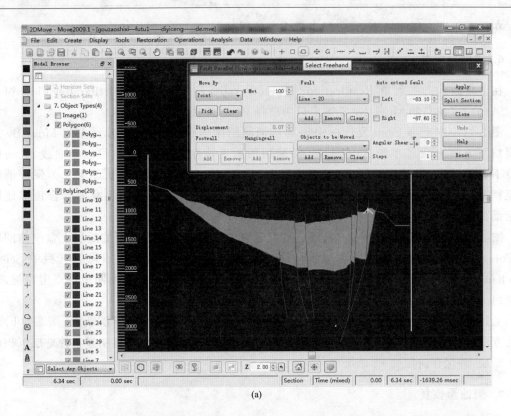

(a)

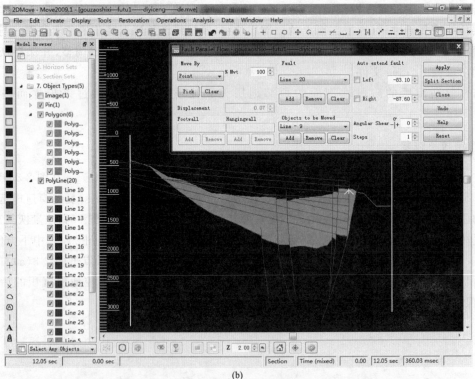

(b)

图 2-7 去断距界面

实习二　构造演化的平衡剖面分析

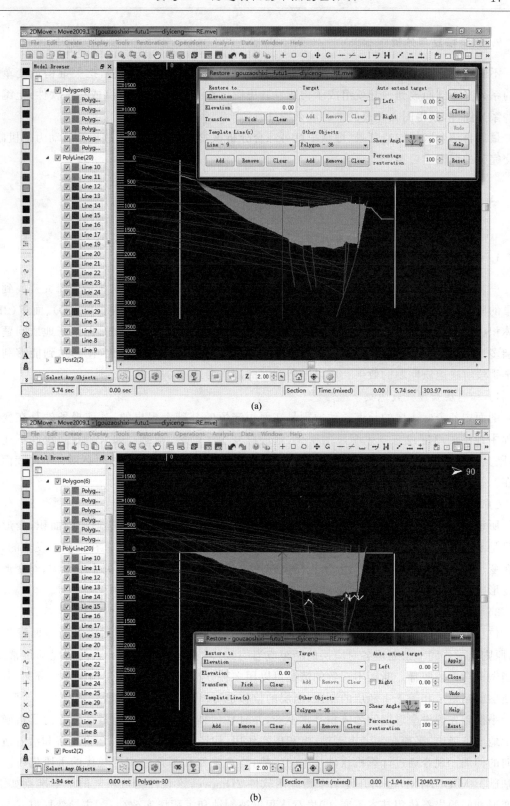

图 2-8　层拉平界面

### 9. 构造恢复与分析

不断重复步骤 5~8，就可恢复地质剖面不同沉积时期的古构造面貌，把关键构造变革时期的系列平衡剖面放到一起就组成了构造发育史图。在 Coreldraw 软件(或相关软件)上编辑这些系列图件，获得图文并茂的最终成果图件。

最后再结合区域构造背景、埋藏史就可综合分析该盆地的构造演化过程及其动力学机制，提交完整的课程实习报告。

## 六、实习指导

### 1. 平衡剖面制作原则

平衡剖面技术是地质思维与计算机技术的结晶，应用它对断裂、褶皱构造的研究提高到了定量的阶段，其依据是在垂直构造走向或近垂直构造走向的剖面上，地层长度(1D)、面积(2D)和体积(3D)是均衡的。平衡剖面方法是根据自然界物质守恒定律提出的，但鉴于地质问题的复杂多变性，为了便于进行研究，需要对复杂的地质问题进行合理的简化，使其达到能够利用数学手段解决地质问题的效果。所以平衡剖面的制作要遵循 3 个主要原则。

1) 标志层长度一致原则

剖面中各个标志层的长度一致原则是在面积守恒的基础上提出的，其前提条件是在变形过程中地层的厚度没有发生明显的变化，地层只发生了断裂、褶皱。如果岩石间没有不连续面，则其恢复后的原始长度在同一剖面中应当一致，否则在长层与短层之间必须有不连续面的存在。

2) 面积守恒原则

所谓面积守恒是指剖面由于缩短所减少的面积应当等于地层重叠所增加的面积，变形前后只是剖面的形态发生了变化，剖面的总面积没有改变。由于多数构造是在沉积后发生的，地层在变形前就已经受到压实作用，所以压实作用造成的面积或体积的损失不予考虑，对变形与未变形区域的同一种岩石，若密度或孔隙度基本不变，构造压实作用也可忽略不计。

3) 地层沿同一断层位移量一致原则

位移量一致原则是进行断块间平衡的最有用工具。岩石发生断裂后沿着断裂面发生位移，原则上沿着同一条断层各对应层的断距应当一致，但实际上断距不一致的情况却很常见，应当做出合理的解释。断距不一致的情况可以用多种方法来解释，如断层向上发生分叉，各分支断层的断距之和等于主断层的断距；断层的位移也可以由向上的褶皱所代替。

平衡首先假设变形期间的体积基本不变，并且任何体积的变化可定量评估。为了精确地表示地质发展史，平衡必须考虑剥蚀、沉积压实作用、构造运动压实作用、压力压溶和沿着造山走向的伸展。现今通过计算机软件技术的优势，构造恢复和平衡能用更现代的手段进行。在此基础上 MIDLIAND 公司开发了平衡应用软件 2Dmove，该软件构造恢复的基本准则如下：①变形期间的岩石体积基本不变；②岩石体积仅被剥蚀和沉积压实改变；③主导变形方式是脆性断层；④褶皱与断层有关。

**2. 平衡剖面恢复技术**

平衡剖面的恢复技术主要有恢复法（由实际变形的剖面恢复到原始的、未经构造变形的剖面）和正演法（由原始未变形的剖面演化至经构造变形的剖面）。它们都需要对变形过程进行定量的分析，并且可以由此得到伸展量、缩短量等重要数据，正是这一点使地质构造的研究提高到了定量解析的水平。由于正演法实现起来复杂，涉及几何模型和变形模式的不确定性，所以目前广泛应用恢复法制作平衡剖面。

恢复法可分为非运动学恢复和运动学恢复。非运动学恢复主要有弯曲去褶皱（Flexural Slip Unfolding）、恢复到基准面（Restore）和"拼板恢复"等；运动学恢复主要有斜剪切（Inclined Shear）、弯曲滑动（Trishear）和断层平行流滑动（Fault Parallel Flow）等。

1）弯曲去褶皱

弯曲去褶皱算法可以应用于平行褶皱，该算法是通过去褶皱顶层和它内部的平行滑动系统到水平基准面或假定的区域来工作。滑动系统（平行于褶皱顶层）用来控制其他层的去褶皱，并作为层间联系和保持厚度变化。去褶皱时钉线或钉面和与它们相交的点不去褶皱或剪切，仅沿着钉线或钉面平移到基准面。钉线应对应于褶皱的轴面，或垂直于地层，且钉子长度要在大于层位纵向范围。平行剪切分量离开钉面而增加，而弯曲滑动分量随之减小（图2-9）。

该算法的原则如下：①模板层在去褶皱方向上长度不变；②所有平行于模板层的层长在去褶皱方向保持一致；③同一褶皱带的柱形或尖顶褶皱的面积保持不变；④面积不变；⑤相对层厚度恒定，层间的不连续滑动将沿着模板层在特定的点改变层厚。

2）恢复到基准面

恢复到基准面又称为垂直去褶皱，该算法允许地层被恢复到水平的或假定的区域基准面，通过垂直或斜剪切的方式去除形变而对每一层去褶皱（图2-10）。该算法的原则如下：①变形前后的层体积不变；②变形前后的去褶皱方向的长度是变化的；③变形前后的层面积是变化的。

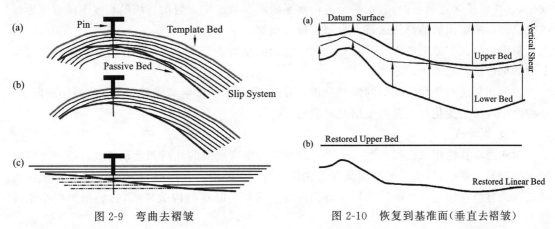

图 2-9　弯曲去褶皱　　　　　　图 2-10　恢复到基准面（垂直去褶皱）

3）拼板恢复

拼板恢复（图2-11）是一个为了鉴定岩石体积不足或超出、定义断块移动方向、形成初始地史模型而去除断距，进行恢复的快速查看过程。这种恢复类似于将拼板分片拼到一起。

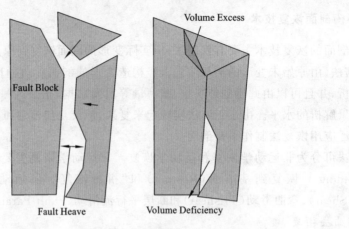

图 2-11 拼板恢复

拼板恢复的步骤如下:①用恢复到基准面算法或弯曲去褶皱算法拉平感兴趣层的各个断块;②锁定层位使之仅能在水平基准面内移动;③移动并旋转断块拼在一起。断块重叠的区域可以推断为表示岩石体积的增长部分,空白带表示岩石体积解释不足。

4) 斜剪切

斜剪切算法将断层上盘的变形特征与断层几何形态联系起来。斜剪切被用来模拟变形,指出现在滑动系统中,以与地层成一定角度为方向、穿透整个上盘的变形,而不是在层内的不连续的滑动(如弯曲滑动)。斜剪切算法用一系列用户首选的参数来控制恢复,这些参数包括移动方向、剪切矢量和水平断距等。

斜剪切算法在正演时是通过扩展上盘、指定移动方向和位移来进行(图 2-12),这种扩展建立了上盘和断面间的空白带,然后上盘垮塌到断面上,垮塌的路径由剪切矢量控制,剪切矢量方向可以与断面垂直、同向或反向。因此,斜剪切假定变形在上盘沿着一系列平行剪切钉线发生,这些钉线穿过断层面,其水平距离由水平断距参数定义。剪切钉线的长度不随着变形而改变,所以,断层面的地形传递进上盘地层成为褶皱。

斜剪切算法的原则如下:①体积不变;②剪切矢量棒的长度不变,即沿矢量方向断层面和上盘的标志层之间的距离不变。

斜剪切算法对于犁状断层的恢复是很有效的,犁状断层被定义成倾角随深度减小的断层,这种曲率或倾角变化与上盘的变形是对应的。

5) 弯曲滑动

弯曲滑动算法用来模拟在褶皱和逆冲带发现的断弯褶皱的几何和运动特征。当一个断块相向滑向另一断块时,不平的断层面肯定在其中的一个断块产生扭曲,在此假定变形限制在上盘之内。弯滑算法应用于断层几何形态为断坪—断坡—断坪的构造样式,且斜面角度小于或等于 30°。

弯滑算法的原则如下:①上盘地层的体积不变;②下盘地层保持不变形且不运动;③上盘层长不变;④这一算法限制于具有单一的断坪—断坡—断坪形态的断层;⑤上盘层的真厚度不变;⑥假定在断层位移之前地层是水平和平行的;⑦假定层平行剪切。

6) 断层平行流滑动

断层平行流滑动算法基于颗粒层流(颗粒沿断层斜面流动)理论。断层面被分割成不连续

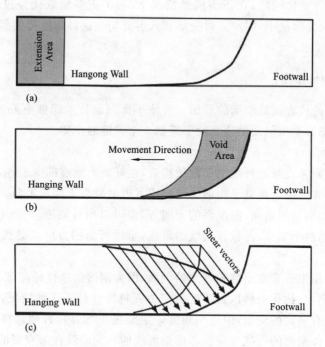

图 2-12 斜剪切算法正演模型

的倾斜段,每一个倾角变化点标记一个平分线。流线是通过将不同等分线上的离断层等距离的点连接起来构成的,上盘地层的颗粒沿着这些与断层平行的流线运动(图 2-13)。

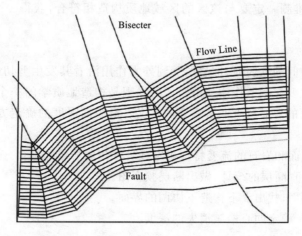

图 2-13 断层平行流

断层平行流算法的原则如下:①不必像弯滑算法一样计算轴面;②3D 上盘体积不变;③2D 上盘面积不变;④由于用户可以用角度剪切,所以前翼的体积和厚度可不变;⑤假设下盘不变形且不移动。

断层平行流算法的发展目的是处理收缩褶皱和逆冲带的复杂断层形态。在这些区域总体变形为层间平行剪切。同时,这一算法同样适用于拉伸构造环境,如犁状断层之上产生宽缓的滚动背斜,类似于斜剪切算法的反向剪切。类似于弯滑算法,用户必须调节角度剪切量去解决断弯褶皱前翼的厚度变化问题,在正演模型情况下,为了更多地取代穿过断弯带的上盘的体积,使得前翼的厚度变薄最小,用户需对变形加入前剪切。这种角度剪切量同样也是模型和反转前翼的手段。

### 3. 平衡剖面制作步骤

平衡剖面技术的核心就是剖面的平衡。要使平衡剖面技术能够更好地为地震勘探服务,选择正确的剖面,那么平衡剖面的建立就要遵循5个关键的步骤。

1) 剖面的选择

为了能够正确而又直观地再现地下地质构造,更好地为地震勘探服务,剖面的选择尤为重要。一般剖面线的方向应该垂直于构造的走向或者近似垂直于构造走向。确定构造作用方向的方法比较多,诸如褶皱的轴向、断层面的走向等,也可以用弓箭原理来确定弧形构造的作用方向,即连接弧形的两个端点,再做该连线的垂线,垂线所指的方向就是弧形构造形成所受外力的方向。

然而在实际应用中很难找出这种理想的剖面,因为剖面的选择还应该考虑地表露头、已有的地震剖面、地质剖面、钻孔资料以及邻区的相关资料等。对于这种情况,剖面线的选择允许与构造作用的方向有一定的交角,但这个角度一定要在30°以内,否则选择的剖面对于地震解释的意义不大。另外剖面的选择还应该考虑剖面线的一端应该在未变形的地层之上。

2) 剖面上资料的充分利用

建立一条剖面,首先要将其上的钻孔资料、露头资料、连井剖面和地震剖面等资料都标注于剖面之上。其次也要根据区域地质特征将剖面中的空白区域进行推测填充,将剖面两侧的资料充分利用,这种推测一定要与该区的区域地质构造相符合,获得一个真实的可以接受的剖面。

3) 滑脱面深度的确定

滑脱面是岩层中间的软弱面,即岩层受到外力作用沿着其发生剪切的层面。它对上下构造之间的变形差异主要起调节作用。滑脱面的发现是构造地质学的一个重大突破,它对正确进行构造分析及剖面的建立有着非常重要的意义。滑脱面深度的确定方法很多,主要有以下几种。

(1) 运用地层剖面和岩石的流变特征确定强岩层与弱岩层的组合。

(2) 进行区域发育断层的统计,做出断层频率图。

(3) 根据地震剖面,找出上下构造不协调的界面。

(4) 根据作图法,确定同心褶皱消失的深度。

4) 剖面的平衡

在进行了前面的3步之后,就可以对解释的剖面进行平衡了。平衡剖面的过程实际就是一个反复调整的过程,首先利用平衡剖面的原则对剖面进行检验,如不平衡,则对其进行调整,检验平衡剖面是否平衡最常用的方法,是依据层长一致和位移一致的原则进行检验;此外,还可以用面积守恒与层厚不变的原则互相检验,这可以增加约束,减少随意性,提高解释的质量。

值得注意的是有些剖面本身是不能平衡的:一是研究的地层中有不整合面的存在,该不整合面的上下地层长度本来就不相等;二是剖面在选择的过程中穿过了走滑断层,由于剖面中物质的减少,所以剖面是不平衡的。

5) 剖面的复原

剖面的复原实际上取决于剖面解释的合理性。先将剖面的各个片段分开，逐个分别进行拉平，最后再将拉平后的各个片段按照顺序连接起来，并置于沉积时的状态。

(1) 确定钉线。钉线是指未受构造作用变动的线，其垂直于地层的层面，最好选在没有受到构造作用的地带；如果受剖面的限制也可以选在冲断带的末端，但是决不能选在断层面上，因为在断坡处岩层恢复后无法保证钉线的直立。剖面的恢复以此为起点，进行逐块的恢复与拼接。

(2) 确定地层厚度。一般地，人们将地层看成简单的层状模式，但实际上对于大部分地区而言，地层的厚度变化是很复杂的，有的呈楔形体，有的呈透镜体等不规则形状。因此在剖面恢复之前先建立几个地层柱状和地层格架，再进行恢复，将地层断块放入格架中。

(3) 选择基准面。将剖面复原后应选一个层位，将其置于水平状态，其他层以此为基准，进行相应的复原，该层称为基准面。基准面的选择以岩相较为稳定、沉积时厚度变化不大的地层较为合适。目的是对地层进行断距消除和层拉平操作，并复制层拉平之后的模型，作为下部地层平衡的源地质模型。每一地层均完成上述操作，即可得到构造发育史的平衡剖面。

# 实习三　构造-热演化的裂变径迹分析和模拟

## 一、实习目的和意义

裂变径迹技术自 20 世纪 60 年代兴起以来,经过半个多世纪的发展,已经成为一种比较成熟的技术方法。由于裂变径迹方法具有年龄和独有的长度分布特征,其在热历史分析方面具有其他方法无法比拟的定量性和系统性,因此成为定量热历史模拟的关键方法。

本实习以中扬子秭归盆地的裂变径迹实验数据为基础,利用目前广泛使用的 HeFTy 软件,开展时间-温度热历史模拟,分析构造-热演化过程,使学生了解并掌握裂变径迹热历史模拟的软件和模拟方法。

## 二、实习内容

(1) 了解秭归盆地区域地质概况,包括研究区位置、地层分布、构造与沉积演化特征。

(2) 了解裂变径迹技术的基本原理、实验方法,熟知实验结果数据中各项指标的名称与含义。

(3) 学习并掌握 HeFTy 软件的操作,完成热历史模拟成果图。

(4) 综合秭归盆地及周缘的相关背景资料和实习获得的热历史模拟结果,分析构造-热演化过程及其动力学机制,完成课程实习报告。

## 三、实习所用资料

(1) 实验样品的原始信息:取样位置、高程、岩性。

(2) 裂变径迹实验结果数据:颗粒数、裂变径迹年龄、自发径迹数量及密度、诱发径迹数量及密度、径迹长度、与 $c$ 轴的夹角、Dpar 值、标准样品径迹长度 $L_0$。

## 四、实习所用软件

HeFTy 1.8.2(下载最新软件网站:ftp://ctlab.geo.utexas.edu/Ketcham/ft/HeFTy)。

## 五、实习步骤

以样品 ZG02 为例,进行 HeFTy 热历史模拟,具体步骤如下。

(1) 根据实验获得数据整理出热历史模拟过程中需要的参数,如表 3-1、表 3-2 所示。

(2) 打开 HeFTy 软件,并输入裂变径迹原始数据。
① 点击 File-New 创建页面,点击 Models-Add AFT model 创建 AFT 模拟界面(图 3-1)。
② 在 AFT 子界面输入裂变径迹年龄、长度相关数据(图 3-2)。
③ 返回 Time-Temperature History 子界面(图 3-3)。

表 3-1 裂变径迹长度数据

| 长度(Length)($\mu m$) | 与 $c$ 轴夹角(Angle)(°) | $L_0$ ($\mu m$) | Dpar 值($\mu m$) |
| --- | --- | --- | --- |
| 12.177 47 | 56 | 15.98 | 1.771 927 |
| 9.081 123 | 24 | 15.98 | 3.052 33 |
| 9.205 935 | 23 | 15.98 | 3.052 33 |
| 9.644 363 | 59 | 15.98 | 3.146 161 |
| 12.310 59 | 67 | 15.98 | 3.146 161 |
| ... | ... | ... | ... |

表 3-2 裂变径迹年龄数据

| $\zeta=278.4$, $\sigma(\zeta)=5.14$, $\rho_d=3.22\times10^5$, $N_d=4\,026$ | | |
| --- | --- | --- |
| $N_s$(自发径迹数量) | $N_i$(诱发径迹数量) | Dpar 值($\mu m$) |
| 19 | 9 | 0 |
| 8 | 3 | 0 |
| 33 | 34 | 0 |
| 21 | 12 | 0 |
| 34 | 12 | 0 |
| ... | ... | ... |

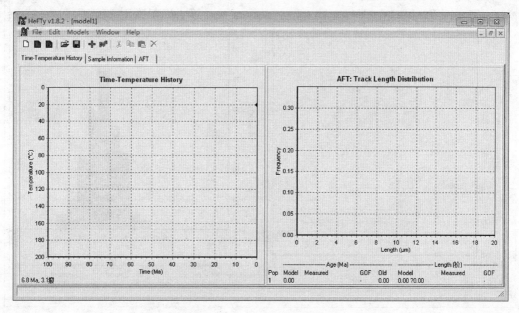

图 3-1 HeFTy 软件初始界面图

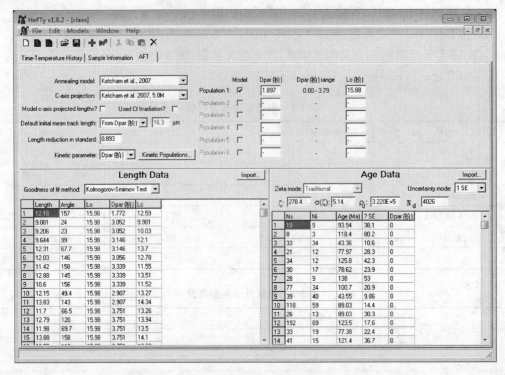

图 3-2　HeFTy 软件 AFT 数据输入界面图

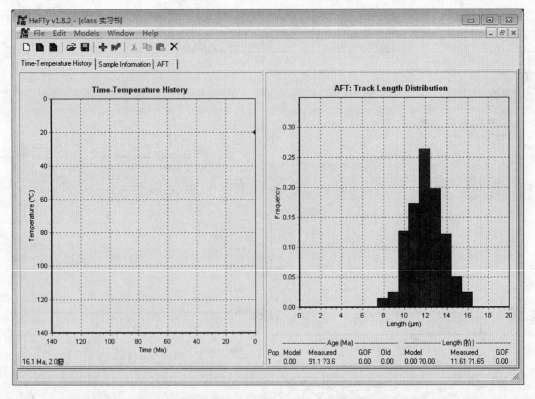

图 3-3　数据输入后的热历史模拟界面图

（3）反演模拟 Time-Temperature History。

①双击设置 Time（横坐标）和 Temperature（纵坐标）刻度线设置横、纵坐标变化范围（图 3-4）。一般来讲，Time（Ma）最大值为测定的 AFT 年龄的 1.5 倍左右，例如本实例 91×1.5＝136.5 Ma；Temperature（℃）最大值要大于磷灰石裂变径迹的退火温度（110±10 ℃），实例中选择 140 ℃。

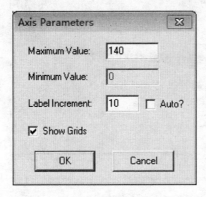

图 3-4  刻度线范围设置图

②点击 Models→Inverse Modeling，出现反演模拟对话框，进入反演模拟模式。在对话框中选择模拟方法，模拟结束条件（图 3-5）。

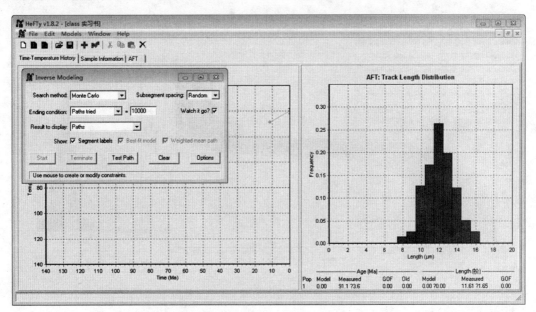

图 3-5  反演模拟初始条件设置对话框

③初次热历史模拟：根据模拟样品实际情况在 Time-Temperature 图上设定热历史模拟约束条件，并点击 Start 键，开始模拟（图 3-6）。本例中样品为地表露头，第一个约束条件为地表条件，时间为现今（0 Ma），温度为 20 ℃；第二个约束条件为样品的裂变径迹年龄（91.1 Ma）及对应的裂变径迹封闭温度区间（60～120 ℃）；第三个约束条件为测定裂变径迹的最大年龄和对应的最大封闭温度区间（120～140 ℃）。

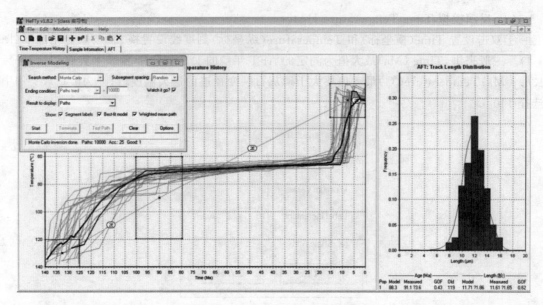

图 3-6 初次热历史模拟成果图

④根据初次模拟的结果,在已有模拟结果的趋势上添加新约束条件,实例中在(15 Ma,65 ℃)位置存在明显转折点;同时修正初次模拟约束条件的边界范围,进行二次模拟(图 3-7)。

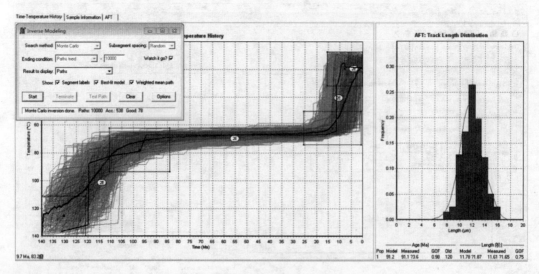

图 3-7 修正后二次热历史模拟成果图

⑤重复上一步操作,直到获得满意的图件。并记录 AFT:Track Length Distribution 图下部有关年龄、长度模拟结果的 GOF 参数。本次实习要求在所有 10 000 条模拟路径中,最终 Good Path 的条数为 100 以上(图 3-8)。

(4)导出成果图件。

①右键点击 Time-Temperature History 图件的空白处,选择 export-save as PDF,导出时间-温度模拟曲线。

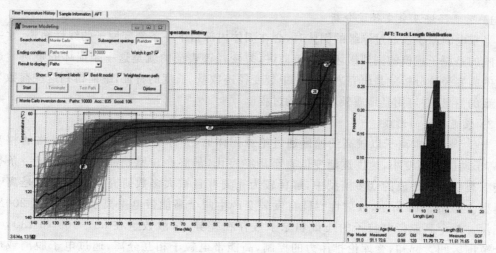

图 3-8　最终热历史模拟成果图

②右键点击 AFT：Track Length Distribution 图件空白处，选择 save as PDF。导出径迹长度分布直方图。

③在 Coreldraw 软件（或相关软件）上编辑这些图件，获得图文并茂的成果图（图 3-9）。

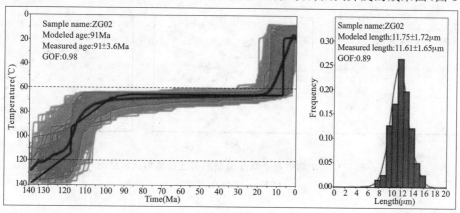

图 3-9　秭归盆地 ZG02 样品磷灰石裂变径迹热历史模拟结果

## 六、实习指导

### 1. 裂变径迹热年代学基本原理介绍

随着封闭温度理论和冷却年龄概念的提出与发展，构造热年代学应运而生。裂变径迹分析作为一种地质定年的手段在 20 世纪 60 年代初首先被提出。以磷灰石裂变径迹（AFT）为代表的低温热年代学，具有较低的封闭温度（60～120 ℃）和对浅部地壳（小于 10 km）岩石运动的敏感性，被广泛应用于地质体定年、沉积盆地构造热演化分析、造山带的隆升剥露、沉积物来源分析、确定断层活动时间以及古地形研究方面，已经成为地球科学领域常用的测试分析方法。

1) 裂变径迹及裂变径迹分析

当带电的原子核通过绝缘的固体时，会在固体内部留下一条裂变原子的线性轨迹，这一轨迹反映的是原子规模的剧烈损坏。简单地讲，裂变径迹表征的就是这一条损坏的痕迹。通常所做的裂变径迹分析就是研究岩石矿物中裂变径迹数量、长度的特征，继而得到这些参数当中所蕴藏的信息，并应用到地质领域当中的过程。

2) 裂变径迹的形成

当一个带电重离子以较高的速度通过绝缘固体时，由于带电离子与原始晶格的相互作用，离子动能逐渐变小，速度逐渐变低直至最终停止，最终会在原始晶格内部形成一条裂变径迹。裂变径迹形成的众多模型中，解释较为完美并且被大多数研究人员接受的是离子爆炸模型。如图 3-10 所示，放射性 $^{238}$U 自发裂变产生两个高能带电重离子并且释放 200MeV 的能量。两个高能带电粒子的质量和原子数存在差异，一般数量在 85～105 和 130～150 两个范围区间。起初，受库伦排斥力的控制，高能带电粒子相互分离，通过电子脱离或电离作用与晶格中其他的粒子相互作用。在此期间，已经离子化的晶格原子间相互排斥会导致原始晶格的进一步损坏。裂变的粒子能够俘获电子，使它们速度逐渐减小，进而粒子间相互作用的方式转变为原子间的相互碰撞，直至粒子停止下来，最终残留的一条受损的痕迹得以保存。

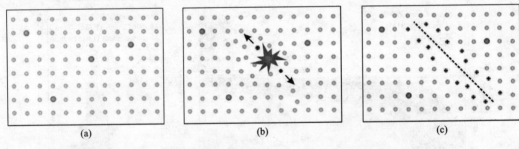

图 3-10　矿物中离子爆炸模型的裂变径迹形成示意图
（据 Kerry 等修改，1998）

3) 裂变径迹长度

由于核裂变作用形成的径迹具有不稳定性，能够发生退火或者逐渐消失，从而导致单个裂变径迹的长度逐渐变短。裂变径迹长度的测定与解释对阐明径迹形成过程以及退火作用都有着巨大的帮助。因此，径迹长度是裂变径迹分析的最基本参数。

通常情况下，磷灰石裂变径迹长度为 5～10 nm[图 3-11(a)]，只有在透射电子显微镜或者高分辨显微镜下才可以观察到。为了能够清晰地观察径迹，目前广泛使用的方法是化学蚀刻法，经过蚀刻后的裂变径迹平均长度约为 16 $\mu$m[图 3-11(b)]。根据蚀刻后裂变径迹的位置，可以分为表面径迹和围限径迹。表面径迹通常指与蚀刻面夹角在 15°以内的径迹，而围限径迹是指那些完全存在于表面以下的径迹。围限径迹长度分布代表了真实的径迹长度，是最直接并可重复测量的径迹长度分布。围限径迹的明显优点是可以看到径迹的完全蚀刻长度。

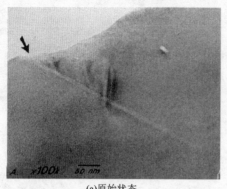 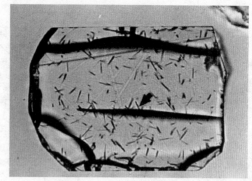

(a) 原始状态　　　　　　　　　　　　(b) 蚀刻后状态

图 3-11　裂变径迹图像

4) 裂变径迹年龄

裂变径迹测年是建立在给定矿物样品中自发径迹会随时间逐渐积累这一基本事实的基础之上的。如果已知 $^{238}$U 自发裂变反应的裂变常数值和样品中的铀含量，就可以计算出裂变径迹年龄。测定的裂变径迹年龄记录的是样品达到封闭温度以来或者最后一次达到封闭温度以来的信息。

对于裂变径迹年龄的确定，目前普遍采用两种方法——总体法 (Population Method) 和外部探测器法 (External Detector Method)。总体法 (Population Method) 通过分别测量同一个样品两部分的自发和诱发径迹密度来得到裂变径迹年龄。这种方法暗含用于计算年龄的几百个颗粒的铀分布是均匀的这一假设。此外，该方法还忽视了包含在单颗粒分布或者单独样品结晶年龄中有用的地学信息。目前来讲，被广泛采用的是外部探测器年龄标准样品法 (Zeta 校正法)，其基本的实验流程如图 3-12 所示。

该方法依赖于裂变径迹的光学蚀刻，有效地避免了对于被分析样品的相同铀分布、热通量以及衰变常数假设，也是国际地质科学联合会工作组的推荐方法。运用 Zeta 校正法得到的裂变径迹年龄公式为：

$$t = \frac{1}{\lambda_d} \ln\left(\lambda_d \frac{\rho_s}{\rho_i} \rho_d \zeta g + 1\right)$$

式中：$t$——年龄，$Ma$；

$\rho_s$、$\rho_i$——自发和诱发径迹密度（单位面积的径迹数量），$10^5/cm^2$；

$\lambda_d$——$^{238}$U 的 $\alpha$ 衰变常数；

$\rho_d$——在放射量测定器中的径迹密度，用来监测反应堆中的中子通量，$10^5/cm^2$；

$g$——几何因子；

$\zeta$——由其他因素一起组成的加权常数，包括裂变的衰变常数和中子俘获界面。

5) 裂变径迹退火

研究裂变径迹的稳定性以及消退过程对于解译母体矿物经历的地质历史具有十分关键的作用。实验研究发现，随着温度的增大，裂变径迹长度会逐渐变短甚至消失。图 3-13 所示的是在透射电子显微镜下观察到的诱发裂变径迹长度的变化过程。从 A 至 D 可知，随着加热温度的逐渐升高，裂变径迹逐渐变得模糊，长度越来越短，直至最终消失。这种径迹逐渐变短消失的现象即为裂变径迹退火。

自然界存在许多影响径迹退火的因素，例如时间、温度、化学成分、结晶各向异性以及

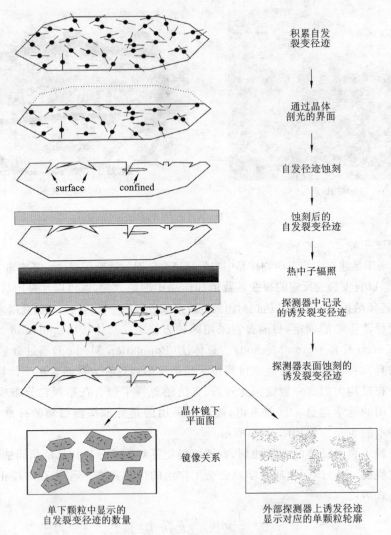

图 3-12 外部探测器法实验流程
(据 Hurford 和 Carter 修改,1991)

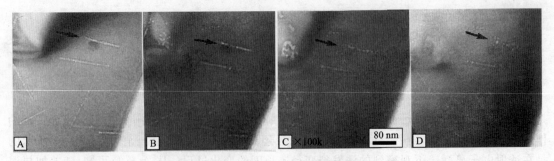

图 3-13 杜兰戈氟磷灰石诱发径迹退火过程
(据 Paul 和 Fitzgerald 修改,1992)

Dpar 值。研究发现,平行 $c$ 轴的径迹长度较长;富 Cl 的磷灰石裂变径迹长度比富 F 和富 OH

的长;Dpar值越小,径迹退火速率越强;在一定时间范围内,径迹长度与数量会随着温度逐渐升高而逐渐变少。总之,裂变径迹退火是时间和温度等条件共同作用的结果。

结合裂变径迹退火与地壳温度之间的关系,前人提出了部分退火带的概念:位于完全退火温度和退火速率明显增大两个区间之间的那部分地壳被称为部分退火带(PAZ)。如果假设地温梯度为30℃/km,那么磷灰石的部分退火带位于地壳2~4 km范围。

6) 裂变径迹长度分布和温度变化的关系

地质研究过程中,通常应用径迹长度分布图来反应岩石样品所经历的地质热史。图3-14为4种理想热演化历史条件下的径迹长度分布图。图3-14(a)线性加热:经历了相同的最大古地温的径迹具有大致相同的长度,其直方图以单峰对称分布为特征。图3-14(b)线性冷却:在冷却过程中,不同径迹经历了不同的最大古温度,这在直方图中表现为斜歪的长度分布。图3-14(c)快速冷却:大部分径迹形成于冷却幕以后,导致径迹长度较大。这种情况下,裂变径迹年龄与冷却作用发生的时间相对应。图3-14(d)加热、冷却混合:在加热及冷却的混合作用条件下,裂变径迹长度分布一般表现出典型的双峰特征。

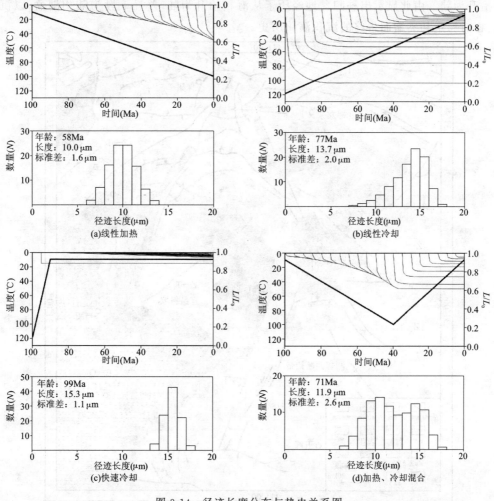

图3-14 径迹长度分布与热史关系图

(据Kerry修改,1998)

## 2. 秭归盆地地质背景简介

盆地分布于巴东、秭归、兴山一带，主体由晚三叠世和侏罗纪地层组成。它位于3组不同方向的构造线交汇部位，东为黄陵隆起、北为神农架穹隆，南为湘鄂西弧形褶皱带（图3-15）。秭归盆地基底为三叠纪巴东组，为东部峡口一线深，向西逐渐变浅的古地貌，控制该盆地的断裂为新华断裂。盆地基底面为印支—燕山运动古构造面，位于中三叠世巴东组与晚三叠世九里岗组之间。在两河口等地可见两者之间存在明显的古风化壳，在区域上呈角度不整合接触关系。在盆地东缘一般缺失巴东组部分地层，为沉积间断造成。此界面特征表明印支—燕山运动在区内虽没有导致基底地层发生强烈褶皱，但由于区域性的差异升降运动，形成了黄陵隆起和秭归凹陷，存在一个明显的古构造面。由于这种抬升作用形成了盆地早期的内陆河湖环境，沉积物均来自黄陵隆起。晚三叠世盆地开始坳陷，其中东侧坳陷速度明显高于东部，随着盆地坳陷幅度的不断加大、加快，沉积厚度剧增，且盆地范围较晚三叠世亦有所扩大，沉积了以内陆湖相为主的早侏罗世沉积物。其后随着沉积物的充填和地壳抬升，盆地开始萎缩，至晚侏罗世抬升为陆。由此显示出秭归盆地经历了从海相抬升为陆，差异下坳为陆相湖盆，以沉降、扩张、相对稳定和萎缩而告终的沉积演化历史。

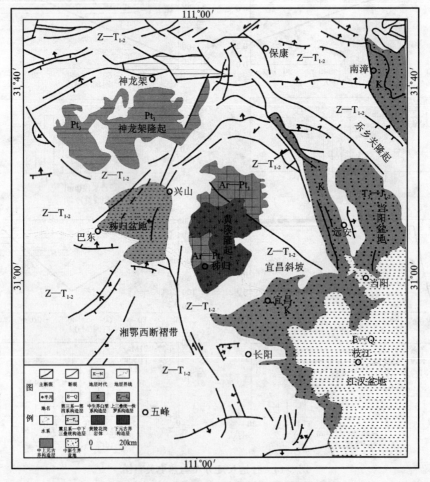

图3-15 秭归盆地及其周缘结构构造图

# 实习四　构造应力场的地质分析

## 一、实习目的和意义

含油气盆地构造应力场是盆地范围内构造应力的空间分布。它是基于动力学观点研究含油气盆地各类构造问题的基础。盆地的形成及其构造格架是具有一定分布形式的应力场一次或多次作用的结果,而盆地内次一级的隆起和坳陷,乃至局部构造的形成,如断层、褶皱、裂缝等,亦是在盆地范围应力场背景下,局部应力场作用的结果。并且烃类聚集的时间及空间匹配问题,从构造角度来看,均受到应力场的深刻影响,如构造圈闭的形成便是构造应力场下的直接产物,构造应力场作用下的后期构造变动、构造的反转广泛影响着油气的逸散等。古构造应力场是指地质历史时期的构造应力场,是含油气盆地中构造变形(包括断裂、褶皱、裂缝等)的主导因素,也是地下油气运移的重要动力。因此开展古构造应力场研究,尤其是古构造应力场的定量研究,对进行含油气盆地储层改造研究及油气运聚分析均具有重要的理论和实际意义。如裂缝油气藏的研究、含油气盆地油气分布状态解析等。

裂缝性油气藏研究,裂缝油气藏中裂缝的发育对油气渗流的影响较大,了解裂缝分布范围和发育层位是裂缝油气藏开发的关键所在。目前发现的裂缝性油气藏,其中大部分是构造裂缝,构造裂缝的发育与古构造应力场有较为密切的联系。因此从裂缝成因的角度,即从古构造应力场的角度来评价预测裂缝是现今裂缝分析最为有效的方法之一,在裂缝发育区开展古构造应力场研究对裂缝性油气藏的勘探开发至关重要。

古构造应力场对含油气盆地的油气控制具有重要的影响,油气在构造运动强烈活动期的储集层中,构造应力是油气运聚的主导动力,构造应力场导致孔隙流体压力的变化在很大程度上影响着油气的运聚。依据古构造应力场分析的成果,结合沉积、成岩分析所获得高渗流通道,可以探讨油气的运移、聚集规律,以及结合油气地质特征去预测地质时期的油气运聚有利区。

构造应力场的分析可以从地质分析和模拟分析两个途径入手。传统的地质分析方法仍是构造应力场分析的基础,通过定时、定向及定值("三定")的研究达到对构造应力场的全面了解。由于我们研究的往往是含油气盆地的古构造应力场,而目前我们看到的只是现今应力场,它可能与古构造应力场毫无关系,所以我们还必须通过地质正演过程中遗留的各种信息反演古构造应力场。因此在开展地质分析的同时,还要开展对古构造应力场的模拟。构造应力场的模拟包括物理模拟和数学模拟两种。

总之,掌握古构造应力场地质分析的方法和流程对认识地质历史时期构造演化以及构造作用对油气藏的影响有极强的指导意义。通过本次实习能够让学生熟悉构造应力场地质分析的技术流程,进一步加强学生对古构造应力场数值解析理论的理解。

## 二、实习内容

判定盆地所受的区域古构造应力的方向,是盆地古构造应力场研究中一个非常重要的内容,因为其不仅有助于盆地形成动力学的分析,而且有助于从整体上、本质上把握盆地内部的构造演化过程。利用各种地质构造形变痕迹恢复或反演古构造应力作用方式、方向、大小、边界条件及其介质所处环境、力学性质在内的构造作用过程,仍是目前确定古构造应力方向时广为采用、较为准确的重要方法。常用的地质形变有共轭剪节理(断层、韧性剪切带)、雁行张节理系、纵弯褶皱、一组面理与一组B轴或A轴线理(擦痕)等。这些方法都必须以细致的野外工作为基础,因此需要学生掌握一定的地质知识和野外操作技能。经过本次实习后,学生能够了解野外数据的采集过程,并进行实验室数据整理分析。

### 1. 纵弯褶皱对古应力方向的指示

构造应力恢复时,需要选择轴面近直立褶皱作为研究对象。轴面倾斜较大的褶皱,大都经历了旋转变化,受到了剪切作用的改造,此时很难将古构造应力场方向正确地表达出来。在挤压构造地区轴面倾角近直立的纵弯褶皱基本没有受到剪切作用的影响或者所受到的剪切作用相对较小,可以用于区域构造应力分析。选择规模较大、轴面所受剪切较小的褶皱来进行应力方向恢复。

根据褶皱两翼优选产状 $\omega_1 \angle Q_1, \omega_2 \angle Q_2$,可以利用下列公式和赤平投影方法对褶皱形成时的主应力进行分析。

最大主应力 $\sigma_1$ 的倾向 $\varphi_1$、倾角 $D_1$,其值可由下面的公式求取:

$$\varphi_1 = 180° + \arctan \frac{\sin Q_1 \sin \omega_1 - \sin Q_2 \sin \omega_2}{\sin Q_1 \cos \omega_1 - \sin Q_2 \cos \omega_2}$$

$$D_1 = 90° - \arccos \left| \frac{\cos Q_1 - \cos Q_2}{2\cos\left\{\frac{180° - \arccos[\sin Q_1 \sin Q_2 \cos(\omega_2 - \omega_1) + \cos Q_1 \cos Q_2]}{2}\right\}} \right|$$

中间主应力 $\sigma_2$ 的倾向 $\varphi_2$、倾角 $D_2$,可由以下公式求取:

$$\varphi_2 = \arctan \frac{\tan Q_1 \cos \omega_1 - \tan Q_2 \sin \omega_2}{\tan Q_2 \sin \omega_2 - \tan Q_1 \sin \omega_1}$$

$$D_2 = \arcsin \left| \frac{\sin Q_1 \sin Q_2 \sin(\omega_2 - \omega_1)}{\sin\{\arccos[\sin Q_1 \sin Q_2 \cos(\omega_2 - \omega_1) + \cos Q_1 \cos Q_2]\}} \right|$$

最小主应力 $\sigma_3$ 的倾向 $\varphi_3$、倾角 $D_3$,可由以下公式求取:

$$\varphi_3 = \arctan \frac{\sin Q_1 \sin \omega_1 + \sin Q_2 \sin \omega_2}{\sin Q_1 \cos \omega_1 + \sin Q_2 \cos \omega_2}$$

$$D_3 = \arcsin \left| \frac{\cos Q_1 + \cos Q_2}{2\cos\left\{\frac{180° - \arccos[\sin Q_1 \sin Q_2 \cos(\omega_2 - \omega_1) + \cos Q_1 \cos Q_2]}{2}\right\}} \right|$$

### 2. 节理对古应力方向的指示

同期配套的节理与其所受的主应力方位存在一定的几何关系:一对共轭剪节理的交线平行于中等主应力轴 $\sigma_2$ 的方位;一般情况下,共轭剪节理的锐角等分线平行于最大主应力轴 $\sigma_1$

的方向；共轭节理的钝角等分线平行于最小主应力轴 $\sigma_3$ 的方向。若已知共轭节理及共轭剪切带的产状，利用下式可求出最大主应力 $\sigma_1$ 的倾向 $\varphi_1$、倾角 $D_1$，中间主应力 $\sigma_2$ 的倾向 $\varphi_2$、倾角 $D_2$，最小主应力 $\sigma_3$ 的倾向 $\varphi_3$、倾角 $D_3$。

$$\varphi_2 = \arctan \frac{\tan Q_1 \cos\omega_1 - \tan Q_2 \sin\omega_2}{\tan Q_2 \sin\omega_2 - \tan Q_1 \sin\omega_1}$$

$$D_2 = \arcsin \left| \frac{\sin Q_1 \sin Q_2 \sin(\omega_2 - \omega_1)}{\sin\{\arccos[\sin Q_1 \sin Q_2 \cos(\omega_2 - \omega_1) + \cos Q_1 \cos Q_2]\}} \right|$$

$$\varphi_{1,3} = \arctan \frac{\sin Q_1 \sin\omega_1 \pm \sin Q_2 \sin\omega_2}{\sin Q_1 \cos\omega_1 \pm \sin Q_2 \cos\omega_2}$$

$$D_{1,3} = \arcsin \left| \frac{\cos Q_1 \pm \cos Q_2}{2\cos\left\{\frac{180° - \arccos[\sin Q_1 \sin Q_2 \cos(\omega_2 - \omega_1) + \cos Q_1 \cos Q_2]}{2}\right\}} \right|$$

**3. 断面擦痕对古应力方向的指示**

根据 Anderson(1951)模式，断层擦痕与主应力 $\sigma_1$、$\sigma_2$、$\sigma_3$ 方位之间的关系为：断层面上的断层擦痕与 $\sigma_2$ 垂直，也与 $\sigma_1$-$\sigma_3$ 所在的平面垂直。那么只要知道断层产状（$\varphi_t \angle \theta_t$）、断层擦痕性质及侧伏向、侧伏角（$\beta_t$）、岩石剪裂角，即可求出主应力 $\sigma_1$、$\sigma_2$、$\sigma_3$ 的方位(详细公式见谢富仁，2009)。

## 三、实习所用资料

研究将以广西灵山地区野外实测数据为蓝本，进行操作演示。广西灵山地区位于华南板块的西南缘，经历了多期构造叠加演化。早二叠世之前，钦防地区为大陆边缘海稳定沉积环境，沉积了一套碎屑岩和碳酸盐岩。早二叠世末期的东吴运动，产生强烈的构造挤压力，使钦防地区强烈褶皱回返，沿灵山断裂带发生了北西向的逆冲推覆，同时也促使了晚二叠世前陆盆地的形成(尤绮妹等，1998)。短暂挤压造山之后，钦防地区构造体制转变为伸展和差异抬升作用，局部形成了沉积相分异和基性火山岩的喷发(吴继远，1980)。中三叠世末期受古太平洋板块俯冲影响，云开地体向北西推进，钦防逆冲体再度活动，山前冲断带向北西扩展，形成了大量的叠瓦状逆冲推覆构造，并导致大量的中酸性火山岩喷发与侵入，同时也促使了中生代前陆盆地的形成(张岳桥，1999)。晚三叠世至白垩纪，由于钦防造山带的碰撞复合，西北部十万山地区发生挠曲沉降，接受前陆盆地的沉积。白垩纪末，由于东部云开地体的推挤，形成南东-北西向挤压构造应力的作用，早期形成的推覆构造又一次重新活动、加剧，灵山及周缘进一步抬升结束沉积历史，整个构造格局也基本稳定(郭福祥，1998)。

野外实测的数据如表 4-1、表 4-2 和表 4-3 所示。

**表 4-1 广西灵山地区野外实测褶皱数据表**

| 位置 | 数据来源 | 两翼产状 | 两翼优势方位 | 轴面 | 主应力方向 | | |
|------|----------|----------|--------------|------|------------|---|---|
| | | | | | 最大应力方向 | 中间应力方向 | 最小应力方向 |
| No21 | 实测 | 20°∠39°；19°∠31°；193°∠40°；140°∠43°；148°∠39° | 160°∠38°；20°∠35° | 178°∠87° | 180°∠2° | 89°∠14° | 276°∠76° |

续表 4-1

| 位置 | 数据来源 | 两翼产状 | 两翼优势方位 | 轴面 | 主应力方向 | | |
|---|---|---|---|---|---|---|---|
| | | | | | 最大应力方向 | 中间应力方向 | 最小应力方向 |
| No28-29-46-47 | 实测 | 314°∠64°;5°∠33°;322°∠21°;165°∠14°;172°∠10° | 331°∠27°;168°∠12° | 154°∠78° | 156°∠8° | 66°∠3° | 318°∠82° |
| No30-31-32 | 实测 | 50°∠16°;58°∠19°;185°∠15 | 54°∠17°;185°∠15° | 211°∠83° | 211°∠1° | 300°∠7° | 292°∠83° |
| No51-52-53-54 | 实测 | 150°∠35°;165°∠32°;186°∠29°;212°∠21°;225°∠32°;216°∠26° | 166°∠31°;219°∠26° | 294°∠82° | 112°∠6° | 24°∠25° | 10°∠64° |

表 4-2 广西灵山地区野外实测节理数据表

| 点号 | 数据来源 | 共轭节理优势产状 | | 主应力方向 | | |
|---|---|---|---|---|---|---|
| | | I | II | $\sigma_1$ | $\sigma_2$ | $\sigma_3$ |
| No12 | 实测 | 9°∠78° | 157°∠32° | 358°∠24° | 275°∠17° | 40°∠60° |
| No14 | 实测 | 100°∠43° | 15°∠34° | 321°∠7° | 48°∠30° | 63°∠60° |
| No14 | 实测 | 80°∠48° | 225°∠82° | 60°∠18° | 320°∠29° | 357°∠55° |
| No15 | 实测 | 11°∠68° | 215°∠55° | 2°∠7° | 290°∠21° | 309°∠68° |
| No25 | 实测 | 13°∠50° | 104°∠20° | 349°∠19° | 86°∠19° | 37°∠62° |
| No25 | 实测 | 234°∠28° | 332°∠62° | 358°∠21° | 77°∠26° | 302°∠55° |
| No29 | 实测 | 344°∠48° | 134°∠71° | 327°∠12° | 52°∠22° | 83°∠64° |
| No30 | 实测 | 28°∠25° | 120°∠60° | 326°∠23° | 45°∠24° | 274°∠56° |
| No31 | 实测 | 285°∠54° | 35°∠41° | 84°∠8° | 349°∠31° | 332°∠58° |
| No35 | 实测 | 72°∠38° | 225°∠85° | 55°∠24° | 317°∠18° | 13°∠59° |
| No38 | 实测 | 150°∠30° | 232°∠65° | 83°∠25° | 337°∠29° | 25°∠50° |
| No39 | 实测 | 346°∠20° | 222°∠60° | 7°∠22° | 303°∠15° | 65°∠63° |
| No40 | 实测 | 70°∠53° | 221°∠68° | 54°∠8° | 321°∠23° | 342°∠65° |
| No42 | 实测 | 300°∠43° | 64°∠61° | 108°∠10° | 352°∠30° | 15°∠58° |
| No55 | 实测 | 85°∠88° | 257°∠63° | 81°∠13° | 354°∠14° | 312°∠71° |
| No57 | 实测 | 10°∠70° | 102°∠28° | 344°∠27° | 89°∠27° | 37°∠50° |

表 4-3 广西灵山地区野外实测断面擦痕数据表

| 点号 | 位置 | 数据来源 | 擦痕组数 | 主应力方向 | | |
|---|---|---|---|---|---|---|
| | | | | $\sigma_1$ | $\sigma_2$ | $\sigma_3$ |
| No1 | 双端塘 | 实测 | 7 | 109°∠9° | 200°∠3° | 305°∠80° |
| No3 | 六吉 | 实测 | 4 | 208°∠14° | 118°∠0° | 28°∠76° |
| No5 | 城隍 | 实测 | 4 | 107°∠11° | 2°∠53° | 205°∠35° |

续表 4-3

| 点号 | 位置 | 数据来源 | 擦痕组数 | 主应力方向 | | |
|---|---|---|---|---|---|---|
| | | | | $\sigma_1$ | $\sigma_2$ | $\sigma_3$ |
| No10-11 | 紫竹 | 实测 | 4 | 165°∠31° | 272°∠25° | 33°∠48° |
| No14 | 高眼北 | | 4 | 203°∠8° | 132°∠5° | 293°∠80° |
| No16 | — | | 2 | 214°∠1° | 123°∠19° | 306°∠71° |
| No22 | 百灵塘 | | 5 | 311°∠5° | 41°∠7° | 185°∠82° |
| No24-25 | 龙屋村 | | 2 | 306°∠7° | 36°∠1° | 130°∠83° |
| No45-46-47 | 那垌村 | | 6 | 182°∠1° | 272°∠4° | 83°∠86° |
| No49 | 板露 | | 5 | 159°∠9° | 67°∠13° | 283°∠74° |
| No56 | 上大岭 | | 2 | 82°∠15° | 352°∠1° | 256°∠75° |
| No59 | 六槐 | | 5 | 117°∠8° | 21°∠38° | 218°∠51° |

## 四、实习所用软件

主要应用 3 个软件：Wintek.exe、极射赤平投影软件、TectonicsFP 软件试用版（软件下载查询网址：www.tectonicsfp.com）。

## 五、实习步骤

**1. 利用褶皱数据分析构造应力场**

(1) 打开"玫瑰图"文件夹，点击"Wintek.exe"，运行数据分析软件。将整理好的数据文件 No21n.dat（褶皱北翼）导入软件中，如图 4-1 所示。

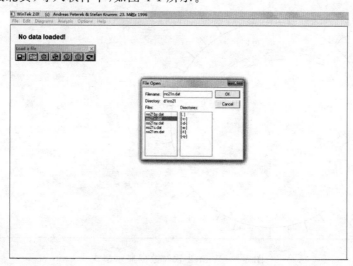

图 4-1 Wintek 软件界面

(2) 在 Data type 选择面板中选择 Planar data 格式,数据文件将以面文件的数据类型导入文件中,如图 4-2 所示。

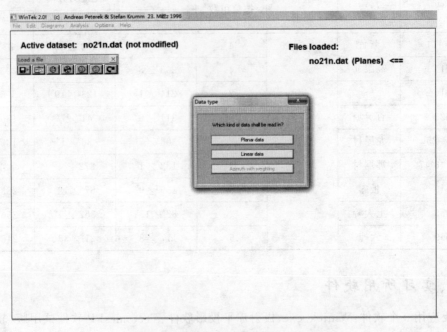

图 4-2 Wintek 软件数据格式选择

(3) 选择 Creat circle digrams,将数据以图 4-3 的形式显示。利用菜单栏中的 Analysis 模块中的 Fabric statistics,Eigenvectors 进行计算(图 4-4),计算出褶皱该翼的优势方位(图 4-5)。

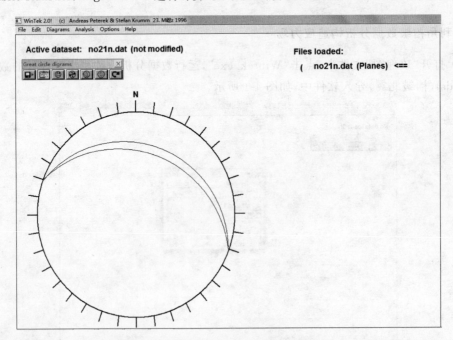

图 4-3 Wintek 软件数据显示型式

实习四 构造应力场的地质分析

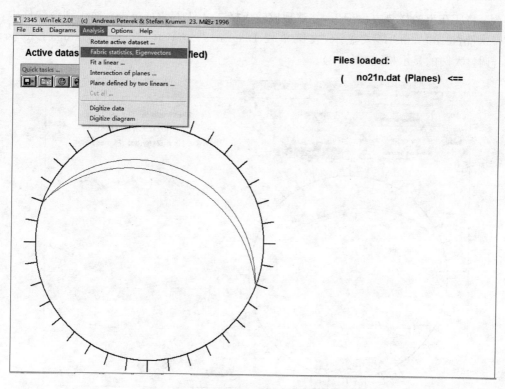

图 4-4 Wintek 软件 Analysis 模块数据计算

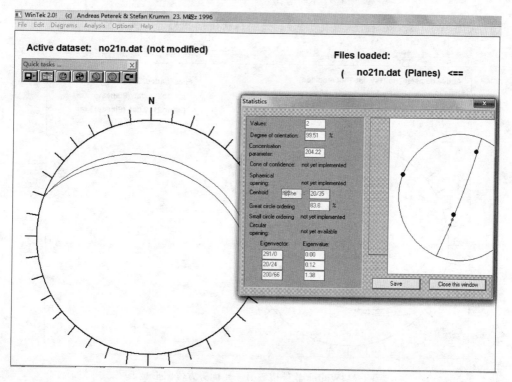

图 4-5 Wintek 软件计算褶皱翼的优势方位

(4) 将所获得的优势方位记下,并整理成输入格式文件 No21ny.dat,输入到该软件中,并以 Creat circle digrams 形式显示,在菜单栏 Diagrams→Great circle diagram→Edit great circle,调整大圆的显示格式(图 4-6)。

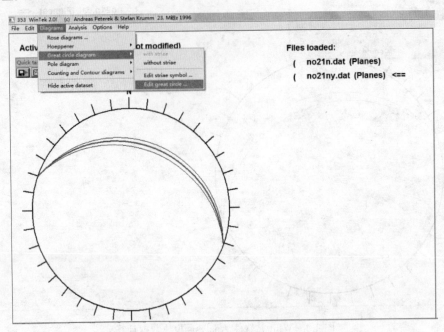

图 4-6　Wintek 软件褶皱翼优势方位图形显示

(5) 关闭"Wintek.exe"程序,重复步骤(1)~(4),获得褶皱另外一翼优势方位数据(图 4-7)。

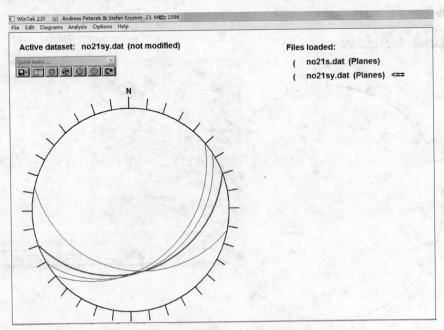

图 4-7　Wintek 软件褶皱另一翼优势方位图形显示

(6) 利用计算出来的两翼优势方位,进行平分面的计算,在轴面近直立的褶皱中,轴面可以认为是褶皱两翼的角平分面,利用极射赤平投影软件计算角平分面,获得轴面产状(图 4-8、图 4-9)。

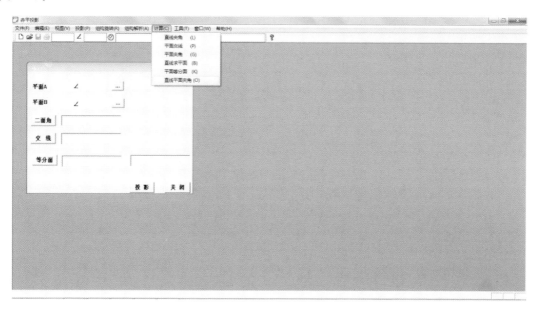

图 4-8　利用两翼优势方位进行平分面的计算

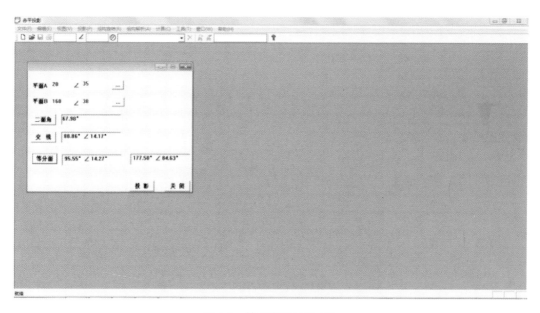

图 4-9　轴面产状计算方法

(7) 将计算的轴面数据整理成 No21zm.dat,打开"玫瑰图"文件夹,点击"Wintek.exe",将数据文件"No21n.dat""No21s.dat""No21ny.dat""No21sy.dat""No21zm.dat"导入软件中,并将"No21n.dat""No21s.dat"数据按同一格式显示,"No21ny.dat""No21sy.dat"以另一格式显示,"No21zm.dat"数据以第三种格式显示即可(图 4-10)。

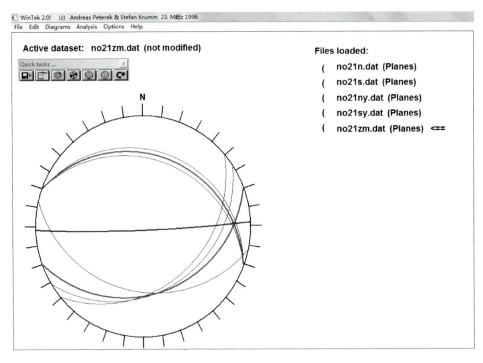

图 4-10 Wintek 软件数据显示的格式

(8) 重复步骤(1)～(7)),将 No51-52-53-54、No28-29-46-47、No30-31-32 等褶皱翼部的优势方位计算出来。利用优势方位,按照实习内容中的计算公式进行构造应力方位的计算(图 4-11)。

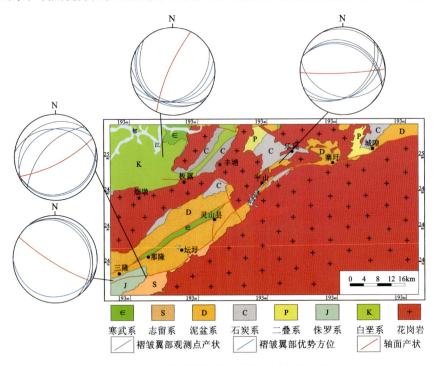

图 4-11 褶皱两翼优势方位和轴面产状分析

## 2. 利用节理实测数据计算分析

(1) 启动 TectonicsFP 程序，创建数据库，点击 File→New datafile，选择 Plane file 创建面文件（图 4-12、图 4-13），我们可以在 Datasets 面板中输入数据点信息文件（可选），如位置、坐标、日期、岩性、岩层、时代、构造单元，这些都是附加信息。主要信息为节理数据，包括节理倾向、倾角（图 4-14）。节理数据可以直接从 Excel 文件中拷贝过来，保存为面文件格式"*.pln"。

图 4-12　TectonicsFP 软件程序界面

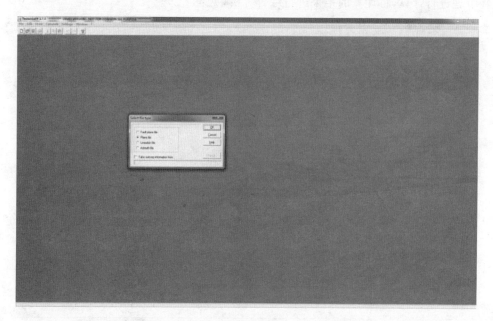

图 4-13　TectonicsFP 软件选择 Plane file 创建面文件

(2) 点击 Calculate→Rose diagram 进入节理玫瑰花图的制作（图 4-15）。
(3) 依据玫瑰花图获得节理发育的优势方位（图 4-16）。

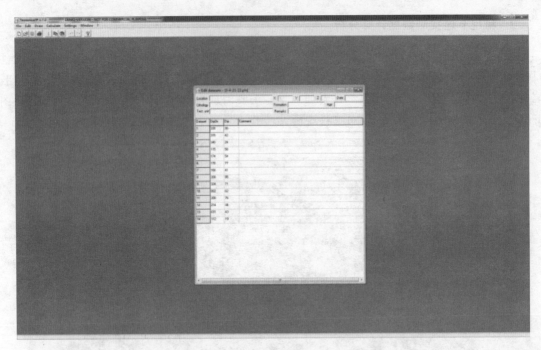

图 4-14　TectonicsFP 软件输入节理数据信息

（4）依据野外观测的共轭节理对计算主应力的方位（例如 NW 向与 NE 向剪节理呈共轭关系，那么通过节理玫瑰花图找出 NW 与 NE 向优势方位进行计算。同时也可以对野外测得的共轭节理进行计算，将计算的结果进行综合分析，见表 4-2）。

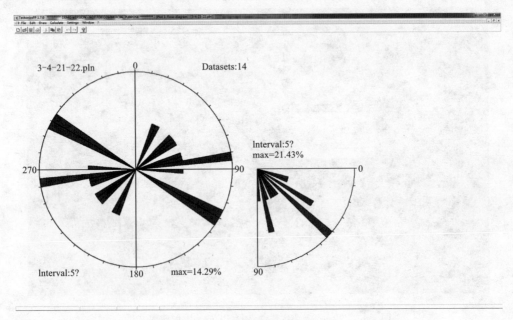

图 4-15　节理玫瑰花图的制作

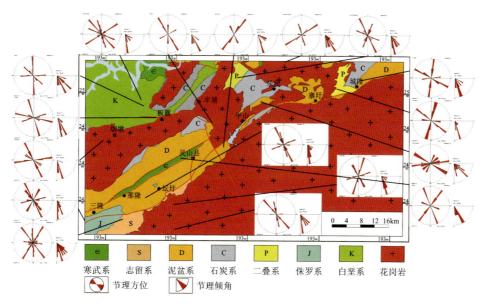

图 4-16　广西灵山地区实测获得的节理走向玫瑰花图

### 3. 利用断层擦痕实测数据计算分析

（1）启动 TectonicsFP 程序，创建数据库，点击 File→New datafile，选择 Plane file 创建面文件（图 4-12、图 4-13），我们可以在 Datasets 面板中输入数据点信息文件（可选），如位置、坐标、日期、岩性、岩层、时代、构造单元，这些都是附加信息。主要信息为断层擦痕数据，包括断面倾向（DipDir）、倾角（DipDir）、擦痕（线理）方位（Azimuth）、擦痕（线理）侧伏角（Plunge）、滑动类型（Sense）、数据质量（Quality）（图 4-17）。这些数据可以直接从 Excel 文件中拷贝过来，保存为面文件格式"＊.fpl"。

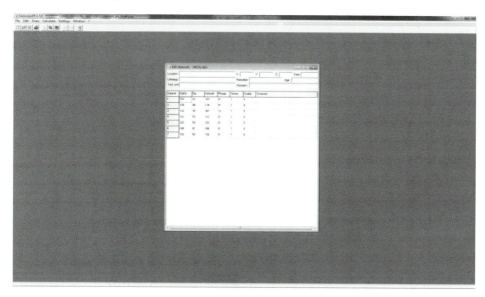

图 4-17　TectonicsFP 软件输入断层擦痕数据信息

(2) 将输入的数据进行检验转化成为"*.cor"格式文件,并保存。

(3) 数据分析,分析所有数据的应力轴,即 Pt 轴(图 4-18、图 4-19)。注意如果你对数据非常熟悉,可以用手动设置,如果不熟悉可以用自动最佳设置。同时我们可以在自动最佳设置数据的基础上利用手动设置来进行调整(图 4-20)。

(4) 通过步骤(3)的数据分析后,将数据保存为"*.t 角度"的格式后,就可以成图了。点击 Draw→Pt-axes,计算获得三轴数据(图 4-21),并获得三轴应力场方向。点击 Draw→Hoeppener,生成擦痕沿着断层面极点运动方向(图 4-22),生成利用动态数据分析 DNA (Numerical dynamical analysis)(图 4-23)。

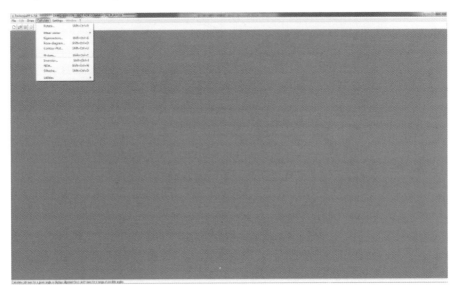

图 4-18　TectonicsFP 软件数据分析分析所有数据的应力轴 Pt 轴

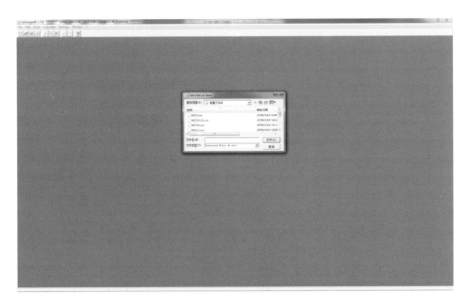

图 4-19　TectonicsFP 软件分析所有数据的应力轴 Pt 轴

## 实习四　构造应力场的地质分析

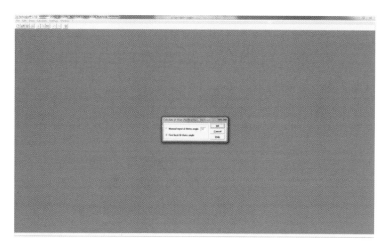

图 4-20　TectonicsFP 软件手动调整数据

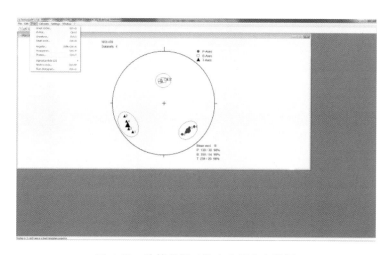

图 4-21　计算获得三轴应力场方向数据

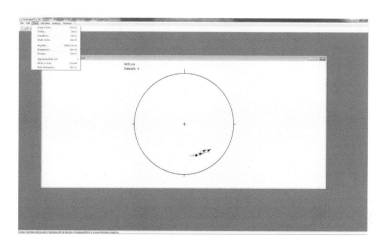

图 4-22　生成擦痕沿着断层面极点运动方向

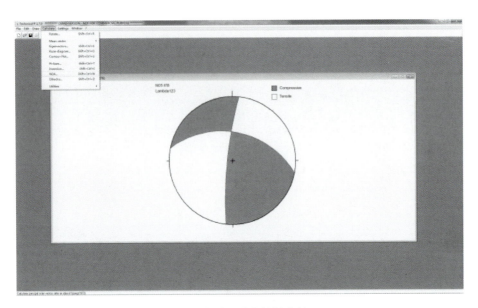

图 4-23 生成利用动态数据分析 DNA

## 六、实习指导

**1. 数据文件注意事项**

各个数据文件,注意"*.dat"文件是导入到 Wintek 运行程序中的,"*.cor""*.fpl""*.pln"均是导入到 TectonicsFP 软件运行的数据。注意 Wintek 运行程序的部分功能在 TectonicsFP 软件也可以实现,同学们可以按照 TectonicsFP 软件的说明书进行自行尝试,肯定会有新的收获。

**2. 成果图件(图 4-24)**

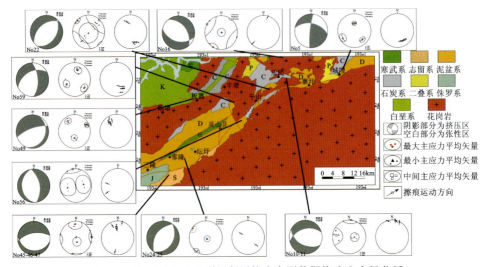

图 4-24 广西灵山地区利用断层擦痕实测数据构造应力场分析

### 3. 其他相关软件

（1）StereoNett：应用于 Windows 环境，用于产状要素的赤平投影、统计分析（主应力等）。可通过软件输入和查看产状数据，进行投影绘图，并对产状进行等密图分析和旋转等操作（http://homepage.ruhr-uni-bochum.de/Johannes.P.Duyster/stereo1.htm）。

（2）MyFault：由 Pangaea Scientific（http://www.pangaeasci.com/）公司开发，主要用于断层及其擦痕产状的统计分析，根据断层及其擦痕产状计算应力方向。

这两个软件的学习和使用，同学们可以参考相关的文献以及软件的使用说明。

# 实习五 构造变形的物理模拟实验

## 一、实习目的和意义

构造变形的物理模拟实验是构造地质学家认识构造变形过程、研究构造形成机制的重要手段(周建勋等,1999)。物理模拟是采用实际的物理材料,按照一定的构造形成模式,根据相似性原则,模拟自然界岩石体的构造形态、变形过程及各种物理量与几何量的实验方法。物理模拟要求实验室里的实验模型(Model)与自然界中的构造原型(Natural prototype)之间几何学相似、运动学相似及动力学相似(Eisenstadt et al,1995)。几何学相似即实验模型与地质构造原型在不同方向上比例尺相同;运动学相似要求实验模型的变形过程与地质构造变形原型相似,同样的变形结果可能是不同的变形过程所导致的;动力学相似要求地质构造原型所受的力在实验模型中均缩小相同的比例(周建勋等,1999)。

本实习将依托"能源地质工程湖北省教学示范中心"修购专项建设中的构造物理模拟教学实验室,通过构造物理模拟实验装置设计多方向的动力加载,模拟不同边界条件下拉伸、挤压和剪切构造样式的发育过程,并且实现实验装置的自动化、实验过程的程序化、实验结果的数字化,通过数码相机实时拍摄模拟构造变形与变化。通过实习,使学生了解构造物理模拟实验装置及其基本操作流程,深入理解伸展、挤压和剪切作用下构造样式的形成及发育过程。

## 二、实习内容

(1) 各班级以小组为单位,6~7 人一组,共 4~5 个小组。
(2) 实验前准备好实验模型和实验材料。
(3) 设备工作流程显示在计算机界面上,实现人机对话,每个小组操作人员设定好参数后,计算机可以自动控制平面运动机构与推杆运动机构的运行,通过马达的驱动模拟构造变形过程。
(4) 通过数码相机实时拍摄模拟的构造变形与变化,并采集和处理任意方向的切片。
(5) 根据实验设计要求完成伸展构造、挤压构造、升降构造、剪切(扭动)构造、反转构造和叠加构造等多种构造变形过程的物理模拟实验。
(6) 对物理模拟实验结果进行分析,完成实验报告。

## 三、物理模拟实验装置和材料

物理模拟实验装置由南通华兴石油仪器有限公司设计制造,该实验在设计制造过程中参考了国内外一些类似实验仪器的技术资料,同时考虑到要尽可能有较多、较好的功能,能进行各种不同样式构造变形过程的物理模拟实验。实验装置主要由以下几部分组成。

(1) 实验平台:最大模拟地质构造面 1 500 mm×800 mm×300 mm。

(2) 平面运动机构。

(3) 推杆运动机构。

(4) 辅助系统:操作台、照相机、数据采集卡、计算机、打印机、控制软件等。

实验装置效果图如图 5-1 所示,推杆运动装置如图 5-2 所示。

图 5-1　物理模拟实验装置效果图

图 5-2　物理模拟实验设备推杆装置示意图

根据相似原理,模拟地壳浅层岩石的脆性构造变形,松散砂是最为理想的相似材料(周建勋等,1999)。实验材料主要选用粒径小于 300μm 的干燥松散的纯石英砂来模拟沉积岩。在自然重力场中,石英砂的形变遵循莫尔-库仑破坏准则,破裂内摩擦角为 25°~30°,非常接近地壳浅部(10~15 km)沉积岩层的脆性形变行为(Krantz,1991;Schellart,2000)。实验中,为方便观察构造变形,石英砂被染成各种不同的颜色,不同颜色的石英砂力学性质相同。此外,通过加入黏土、水泥等细粒粉末改变砂子内摩擦角的方法模拟不同强度类型的岩层(周建勋等,1999)。使用小玻璃珠(Glass Microbeads)模拟基底滑脱层(Schreurs et al,2006),它是一种白色球状颗粒,粒径约 100 μm,密度约 1 500 kg/m³,破裂内摩擦角约 22°。

## 四、物理模拟实验的一般步骤

(1)根据地质资料和实验的需要,确定要模拟的构造原型(伸展、挤压、走滑、反转等,平面或剖面),并分析控制构造原型的主要因素。

(2)根据几何学相似、运动学相似及动力学相似的原则,确定实验模型的比例。

(3)选择合适的砂箱和实验材料,进行实验模型的设计和装配。

(4)根据构造原型,推断受力方式和约束条件,确定模型的加载方式和约束条件。

(5)在计算机上设定参数,通过计算机控制马达,驱动推杆运动装置匀速、缓慢移动,模拟构造变形过程。

(6)通过数码相机实时拍摄和记录模拟的构造变形与变化,记录模拟过程和结果,及时进行整理。

(7)分析模拟结果的精确性以及与构造原型的相似程度,合理的对模拟结果进行解释。

## 五、实习指导

构造物理模拟实验的基本原理和方法,伸展、挤压、走滑及反转构造的物理模拟实验设计,半地堑盆地层序结构和构造形成演化的物理模拟实验设计及其分析等可参考《盆地构造研究中的砂箱模拟实验方法》一书(周建勋等,1999)。

# 实习六　构造应力场有限元数值模拟

## 一、实习目的和意义

构造应力场的数学模拟是伴随20世纪60年代后期高速、大内存电子计算机的出现而出现的,特别是把计算数学中的有限单元法用于构造应力场分析后,数学模拟得到迅速发展和广泛应用。到今天,有限单元法已成为构造应力场定量研究的一个重要手段。

数学模拟主要是采用数学力学方法,对构造模型的应力场、位移场、应变场、位移速度场和应变速率场等进行定量分析。其主要目的是为了揭示构造应力场分布趋势及展布规律,为构造成因和演化的研究提供定量依据。已有的大量研究表明:构造应力场的有限元数值模拟方法可以解决众多的石油地质问题,主要集中在3个方面(唐永等,2012):①构造应力场与油气运移之间的关系,通过应力场来分析流体势和油气运移的方向;②构造应力场与岩石破裂准则相结合预测断裂的发育;③构造应力场与流体渗流场耦合分析(流固耦合),讨论构造应力场对流体运移的贡献。

## 二、实习内容

(1) 了解构造应力场有限元数值模拟的基本原理、方法和流程。

(2) 学习并掌握有限元数值模拟软件的基本操作和处理过程,能进行简单的构造平面和剖面的有限元数值模拟分析。

(3) 根据所给的地质模型以及地质背景资料,构建几何模型、物理模型,进行网格单元的划分、给定边界条件和约束条件,并进行构造应力场的数值模拟分析。

(4) 对数值模拟结果进行分析,完成课程实习报告。

## 三、实习所用资料

(1) 研究区构造平面和剖面形态、断层和褶皱的分布、地层格架等。
(2) 岩石力学参数、受力作用方式及边界条件。

## 四、实习所用软件

Dassault Systems Simulia Corp. 公司的商业软件 Abaqus V6.7 版,无任何解题规模及运算限制;Abaqus 软件学生教学版,有节点限制。

## 五、实习步骤

(1) 根据地质背景资料和构造形态,构建几何模型。

构造模拟目标体的建立是构造模拟难易程度(计算时间长短、边界条件定义、接触之间的准确约束),以及后期是否建模成功的关键。应以地质背景、构造形态和地质观测分析的数据为主要依据,对目标体进行抽稀。抽稀实际上就是研究层次的聚焦、研究范围的甄选。通常的情况下在研究目标区域构造应力场的分布状况时,我们只需要抓住大区域的主体断层和褶皱即可满足研究的需求,其他小断层和褶皱以及对区域构造应力场分析影响不大的小构造可以在建模时忽略。但在研究目标区域中某条主体断层发育及其对周围地层的影响程度时,必须把所检测到的断层信息以及围岩中发育的断层派生构造尽可能在构造模型中体现出来,即三维模型的建立过程中,在考虑抽稀聚焦的情况下,要尽可能保证后期计算分析时的信息量,这样计算所得到的结果才能合理化、准确化。

地质体演化的真实状况是难以恢复的。应力场分析计算所得到的结果仅仅是与构造变形特征较相符的情况之一,所以我们计算所得到的结果是一种认识上最优、解释较为合理的地质过程,是对该现象的一种有效阐述。这种阐述的合理性、可信性在很大程度上依赖前期抽稀所获得的目标体。一般来说,在目标体的建立上遵循以下几个标准:①研究实体离散块体尽可能少,否则会增加 Assembly 的难度和工作量;②目标体网格划分及插值方法选择合理,在积分计算所耗时间少;③边界条件易于添加;④较少的接触设置;⑤在后面的计算中能将重点关注区域的应力精确地表达出来。

几何模型的构建主要包括 3 个方面:①目标选择,确定模型的大小和模拟形态;②对目的层段进行粗化和归并:由于目的层段原始的沉积环境及在成岩过程中所经历的物理化学作用较为复杂,致使在垂向上发育的岩石类型变化较为频繁,为了提高计算速度和模拟结果的精度,可按照岩性特征将整个目的层段进行粗化合并以简化;③优选主要的褶皱和断裂。

(2) 物理模型的建立。

几何模型仅仅展示了模拟区构造和地层格架的空间形态,真正能够参与计算的是物理结构模型。建立物理模型一般包括 4 个方面:①材料属性的确定,即岩石力学参数,包括杨氏模量、泊松比、赫尔抗压强度等;②网格单元划分,为了突显重点区的应力特征以及减少人为误差,采用人工控制与自动相结合的方法,兼顾计算机容量和复杂程度,从地质模型中抽象出力学模型,进行了格化;③边界条件的确定,根据构造作用方式及演化,给出边界约束条件;④确定作用力的大小,从宏观和微观两个方面对构造应力大小进行解析,宏观法利用断层或节理共轭角通过数学解析来获取古应力值(陈庆宣,1996),微观法利用断裂中方解石脉的机械双晶求取应力值(万天丰,1988)。

(3) 利用有限元模拟软件 Abaqus 对构造应力场进行分析计算,处理相关图件,并对应力场模拟结果进行分析。

## 六、实习指导

### 1. 构造应力场数值模拟方法及原理

一定范围内的岩石在地壳运动的作用下,其岩石内部会出现不同性质、不同方向的应力以抵抗外力作用,这些在空间上彼此关联、时间上持续性的应力所作用的一定范围称为构造应力场。构造应力场中的应力分布和变化是连续而有规律的(陈庆宣,1996)。我们研究构造应力场的目的就是为了揭示研究范围内应力展布规律及其对区域中各种构造发育的控制效应,进而更深入叙述区域构造应力场的性质、大小,然后结合岩石破裂准则、应变能大小来推测可能出现的构造和裂缝,分析构造的成因和演化。

目前结构力学上的有限元方法已经是计算形变和应力的很有效的数值方法。地质构造应力场的数值模拟主要就是应用二维和三维的有限元方法,量化分析构造应力场的大小及展布。但是由于研究的目标体是一个十分复杂的地下岩石块体,它的复杂性和数值表达的困难主要体现在两方面:第一,地壳中种类繁杂的地质构造形态、构造类型、多因素的构造成因是在漫长历史时期地质演化过程中形成的,这种复杂的地质演化过程基本不可能用单一的方法和手段恢复。所以我们只能用相对静止的观点和方法去简化处理岩石体的问题,因此,模拟的目标既是实实在在的又难以用确切的数值表现出来,即计算过程中的条件和参数很难获得准确的数据。第二,研究目标覆盖范围很大,一般都有几十平方千米,并且相对埋深较大,况且影响控制岩石物理性质和地质构造特征的因素是多种多样的,不同地区有不同的特点,即便是同一地区,甚至是同一层位其特征也可能有差异。因此,地质体呈复杂的非均质,而对过于复杂的非均质体,我们在模拟计算中由于较多因素的限制,不可能将目标体考虑的非常详细,只能用相对均匀的岩体区近似地表示实际的地质体。基于以上的种种局限,数值模拟中的模型误差就难以避免,但只要我们将这些误差局限在一定范围内,仍能很好地表现出我们所要描述的地质体的各种属性值。

有限元方法是将弹性连续体离散成为有限个单元,用这些有限个单元近似的表示目标层,其目的是:有限个单元更容易计算,更便于计算机进行数值计算,有利于较好地量化各种属性。针对每个单元通过固体力学变分原理推导各个单元刚度矩阵,将节点位移同节点处所施加的应力的对应关系建立起来,再将各个单元的刚度矩阵集合起来,得到各节点位移的线性方程组,通过计算求解便得到岩石储集体各个单元节点的变形位移情况。有限元法作为一种数值方法,简单来说就是利用插值方法建立复杂问题的近似公式。应用样条插值函数(也称为形函数),将目标体内部各种几何特征的关系转化为离散的数值问题,每个单元上的节点位移值是通过位移形函数与该单元节点的变形位移来计算的。

当然每种数值模拟都是建立在一定的假设的基础上的,有限元实际运用计算也不例外。为了突出问题的本质,并使问题得以简单化和抽象化,一般只考虑弹性变形,在弹性力学中,提出4个基本假设,线性有限元模拟就是在这些假设的基础上而得以顺利实施的,并广泛地运用到岩体力学、土木工程以及结构工程分析上面。①岩层内的物质连续性(Continuity),认为物质中没有空隙,因此可以采用连续函数来描述对象,即在前面所讲到的重叠与开裂的问题。因此在研究过程中,将断层及其附近的区域看成断裂带,与基质形成一个连续的整体,方便后面的网格化及施加边界条件。②岩层内部的物质均匀性(Homogeneity),这里所阐述的均质性,仅仅是一个相对的概念。由于沉积、成岩、构造、时间、生物等的作用,研究区域的储集岩层不可能是均一的,有些研究区的岩石属性非均质相当强烈。但这种非均质性是有一定尺度的,只要研究的标度选择适当,一定范围内的岩层属性变化可以忽略,对整个研究影响不是很大。为此可以将该范围内的岩体识为均质体,可以用一种材料属性来表示区域内的岩石特征。③受力变形主要是线弹性变形(Linear elasticity),岩体变形与外力作用的关系呈线性,外力除去后,岩石储集体可以恢复原状,因此在数值模拟过程中描述岩石力学性质的方程式也是线性的。④小变形(Small deformation)精度的需要,为了使应力场模拟获得较好的结果,在研究过程中会将整个目标体划分成一定规格的细网格。较细的网格决定了研究目标不能发生较大的变形,否则将与前面的连续性假设相矛盾。细网格说明相邻之间的节点距离较短,若发生大的变形,就极易发生节点之间的重叠,这和晶格位错是相同的道理。小变形问题,在数学公式上表现为高阶小量(一般就是在二阶以上的)在计算时可将其忽略。这样可以大大减少计算时间,节约计算资源。

基于以上的假设,有限元的计算主要集中在以下3个方程:静力学平衡方程、几何学的几何方程、材料力学的本构方程。这3个方程将岩体的位移、应变、应力三者较好地串联在一起。其中计算节点位移的方程是由总体刚度矩阵所表示的线性代数方程组,然后由位移场和几何方程计算获得形变场,最后由形变场和本构方程计算应力场。

1) 平衡方程(外力、应力)

在外力作用下处于平衡状态时,其内部各单元节点处的应力状态是各不相同的。在研究区域内任一点均可找到一个微六面体,将其应力分解为 $\sigma_x$、$\sigma_y$、$\sigma_z$、$\tau_{xy}$、$\tau_{yz}$、$\tau_{zx}$。同样外力 $F$ 也可以根据坐标分解为 $F_x$、$F_y$、$F_z$[式(6-1)]。根据理论力学,在外力作用下平衡状态的物体,其表面各点处的应力分量应当与作用在该处的外力分量相平衡,平衡方程较好地将边界静力条件与施加在目标体单元上的应力联系建立起来。

$$\left.\begin{array}{l}\dfrac{\partial \sigma_x}{\partial x}+\dfrac{\partial \tau_{yx}}{\partial y}+\dfrac{\partial \tau_{zx}}{\partial z}+F_x=0 \\ \dfrac{\partial \tau_{yx}}{\partial x}+\dfrac{\partial \sigma_y}{\partial y}+\dfrac{\partial \tau_{zy}}{\partial z}+F_y=0 \\ \dfrac{\partial \tau_{xz}}{\partial x}+\dfrac{\partial \tau_{yz}}{\partial y}+\dfrac{\partial \sigma_z}{\partial z}+F_z=0\end{array}\right\} \quad (6-1)$$

式中:$\sigma_x$、$\sigma_y$、$\sigma_z$——$x$、$y$、$z$ 方向上的主应力,Pa;

$\tau_{xy}$、$\tau_{yz}$、$\tau_{zx}$——平面 $xy$、$yz$、$zx$ 上的剪切应力,Pa;

$F_x$、$F_y$、$F_z$——作用于某一点沿 $x$、$y$、$z$ 的外力分量,N。

2) 几何方程(位移、应变)

当目标岩层受到外界作用力的影响,构造岩层内部各单元点的位置会发现变化,这种变化包括两种形式:①岩层内各点的绝对位置虽然均有变化,但任意两点之间的相对距离却始终未变,目标体仅仅是整体位置发生了变动,而岩层本身的形状、体积都没有改变,即在变化过程中无形变产生,这对构造应力场的反演一般无较大的借鉴价值;②岩体内部任意两点之间的相对距离发生了改变,从而使其形状和尺寸发生了变化,岩层整体产生了变形,这种变形变位对恢复构造应力场价值较大。因此研究岩层在外力作用下的变形规律,只需要研究物体内各点的相对位置变动情况。当然我们所选择的目标体必须是连续体,也就是在受力变形过程中,自始至终保持连续性而无任何重叠和开裂现象产生。

由于刚体位移不产生变形,下面将仅仅讨论变形位移。若球形岩体在应力作用下变形成为椭球体,其内部一点 $M$ 变形后到达 $M'$ 位置,则其变形位移 $MM'$ 可以转化为 $x$、$y$、$z$ 方向的 3 个分量 $u$、$v$、$w$[式(6-2)]。岩体内各点的位移不同,因此位移分量应是点的位置坐标函数:

$$\left.\begin{array}{l} u=u(x,y,z) \\ v=v(x,y,z) \\ w=w(x,y,z) \end{array}\right\} \quad (6\text{-}2)$$

式中:$u$、$v$、$w$——$x$、$y$、$z$ 三轴方向的 3 个位移分量,量纲依据所研究的尺度来确定。

在三维空间内(图 6-1),受力岩体的某一点沿三轴 $x$、$y$、$z$ 方向上的线应变 $\varepsilon_x$、$\varepsilon_y$、$\varepsilon_z$,以及过 $M$ 点参照 $x$、$y$、$z$ 轴所取 3 个相互垂直棱边所夹直角的改变量,也即剪应变 $\gamma_{xy}$、$\gamma_{yz}$、$\gamma_{zx}$ 分别为:

$$\left.\begin{array}{l} \varepsilon_x=\dfrac{\partial u}{\partial x};\gamma_{xy}=\dfrac{\partial u}{\partial y}+\dfrac{\partial y}{\partial x} \\ \varepsilon_y=\dfrac{\partial v}{\partial y};\gamma_{yz}=\dfrac{\partial v}{\partial z}+\dfrac{\partial w}{\partial y} \\ \varepsilon_z=\dfrac{\partial w}{\partial z};\gamma_{zx}=\dfrac{\partial w}{\partial x}+\dfrac{\partial u}{\partial x} \end{array}\right\} \quad (6\text{-}3)$$

式中:$\varepsilon_x$、$\varepsilon_y$、$\varepsilon_z$——$x$、$y$、$z$ 方向的线应变,无量纲;

$\gamma_{xy}$、$\gamma_{yz}$、$\gamma_{zx}$——$xy$、$yz$、$zx$ 面上的剪应变,无量纲。

式(6-2)表明岩层各处的变形位移,但还不能直观地说明目标体变形的强烈程度。式(6-3)则较好地建立了位移分量和应变分量之间的关系。

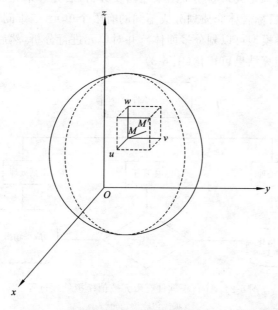

图 6-1 变形位移示意图

(据唐永等,2011)

3) 本构方程（应变、应力）

应力与应变是相辅相成的，对某种具体的岩石储集体，在一定围压作用下，应力和应变之间有一定的关系，这种关系是可以量化确定的。根据 Ladanyi D(1970)致密灰岩破裂实验，在弹性变形过程中，岩石将能量以变形能的形式保留，一旦外力卸载，岩体会将应变能释放出来，变形也将完全恢复；应力和应变成线性关系变化，并且一一对应。由于在实验室条件下，不能完全模拟岩层所经历的地质条件的变化，所以岩层的塑性特征很难获取，一般在研究岩层应变能时只考虑弹性形变，本次研究过程中将目标岩层在一定范围内视为各向同性体。在此前提下，应力应变关系为：

$$\left.\begin{array}{l} \sigma_x = \dfrac{\mu E}{(1+\mu)(1-2\mu)}(\varepsilon_x+\varepsilon_y+\varepsilon_z)+2G\varepsilon_x \\[2pt] \sigma_y = \dfrac{\mu E}{(1+\mu)(1-2\mu)}(\varepsilon_x+\varepsilon_y+\varepsilon_z)+2G\varepsilon_y \\[2pt] \sigma_z = \dfrac{\mu E}{(1+\mu)(1-2\mu)}(\varepsilon_x+\varepsilon_y+\varepsilon_z)+2G\varepsilon_z \\[2pt] \tau_{xy}=G\gamma_{xy};\ \tau_{yz}=G\gamma_{yz};\ \tau_{zx}=G\gamma_{zx} \\[2pt] G=\dfrac{E}{2(1+\mu)} \end{array}\right\} \qquad (6\text{-}4)$$

式中：$E$——杨氏弹性模量，Pa；

$\mu$——泊松比，无量纲。

**2. 构造应力场数值模拟的基本流程**

构造应力场建模可以归结为 3 个方面（图 6-2）：①目标体的建立（前处理来完成）；②数值计算（求解器中数值分析来完成）；③模拟结果输出及分析（后处理来完成）。其主体思路：建立目标岩体的几何模型将目标岩体介质划分成不同的有限个单元（二维问题可以划分三角形、矩形或任意多边形等，三维模型可以划分多面体），并对单元进行分析，然后将每个单元结合起来进行整体研究，最后将计算结果可视化（图 6-3）。

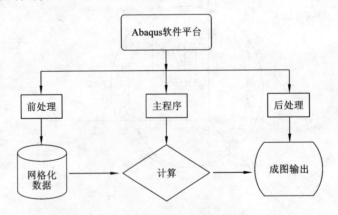

图 6-2 Abaqus 软件有限元数值模拟处理过程

（据沈传波等，2004）

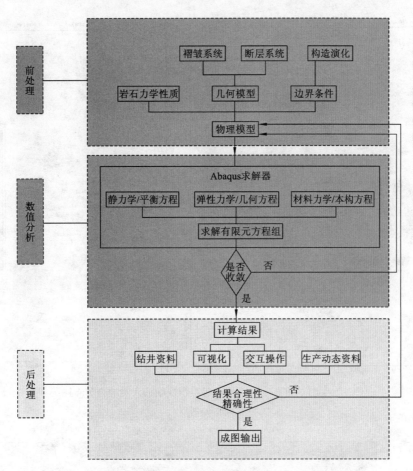

图 6-3 构造应力场数值模拟流程图
(据唐永等,2011)

## 3. 构造应力场数值模拟成果图示例(图 6-4～图 6-9)

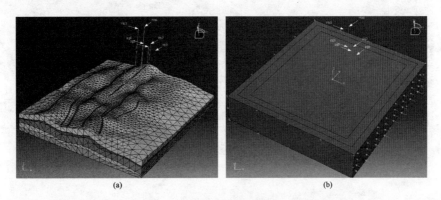

图 6-4 宣汉-达县地区(a)有限元分析物理模型和(b)施加的边界条件
(据唐永等,2012)

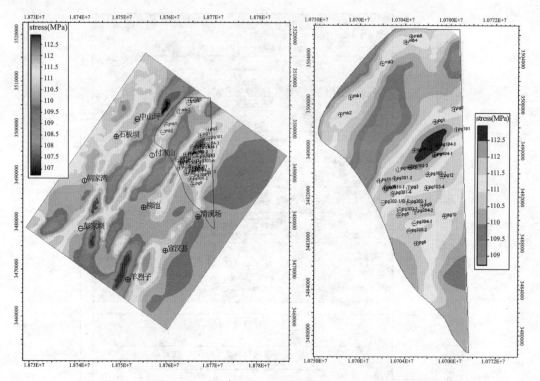

图 6-5　宣汉-达县地区飞仙关组燕山晚期最大主应力分布图
（据唐永等，2012）

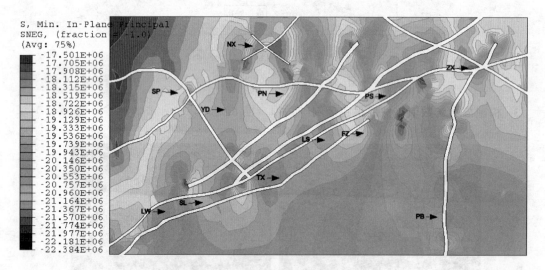

图 6-6　广西灵山地区最大主应力分布图
（据唐永等，2014）

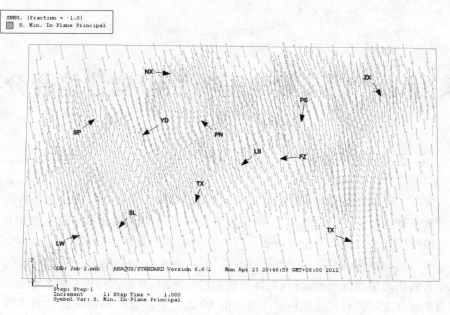

图 6-7 广西灵山地区最大主应力迹线图
(据唐永等,2014)

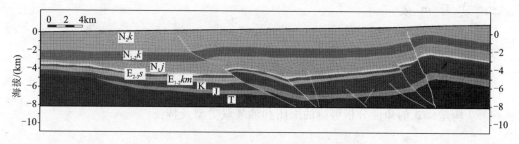

图 6-8 某盆地地震测线有限元数值分析网格化模型

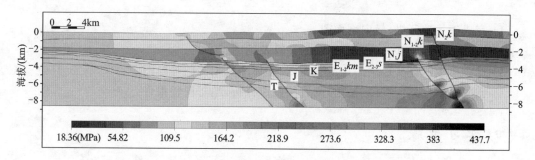

图 6-9 某盆地地震测线有限元数值模拟最大主应力分布

# 实习七 江汉盆地王场油田构造综合分析

## 一、实习目的和意义

本次实习主要以江汉盆地潜江凹陷的王场地区为例,利用石油勘探构造分析的基本知识和理论分析王场地区的主要构造样式,探讨构造成因,并利用石油地质学基本知识和理论分析王场地区的圈闭及油气藏的类型与特征。

通过实习使学生掌握利用相关的钻井分层数据,可做出构造的纵、横向剖面图;根据地层埋深数据可做出地层埋深的平面图、立体图和地层等厚图,并能进行相关构造形态和演化的分析。实习中要注意培养自己发现构造问题的能力,思考解决这些构造问题的相关理论知识和选择解决问题的方法及手段。

## 二、实习内容

(1) 分析构造的空间形态,包括纵、横剖面图、平面图、立体图和地层等厚图等。
(2) 分析构造的演化。
(3) 构造样式类型和构造成因机制的探讨。
(4) 从构造样式的角度分析可能的圈闭和油气藏类型及特征。

## 三、实习要求

(1) 完成王场地区纵、横向剖面图。
(2) 完成主干断层和背斜生长指数的计算及编图。
(3) 计算机编制三套地层的构造平面图、立体图及相关的等厚图。
(4) 完成对典型地区(王场油田)的石油构造分析,编写课程报告。

## 四、实习步骤

**1. 分析相关构造的空间形态**

利用相关的钻井分层数据,做出王场地区主要构造的纵、横向剖面图,并结合地震剖面图(图 7-1)、平面构造图(图 7-2)以及上机实习所绘的图件,分析构造的空间形态及展布特征。上机实习主要利用 Surfer 软件,根据已给的数据做出相关的平面图、立体图和地层等厚图,具体的步骤如下:

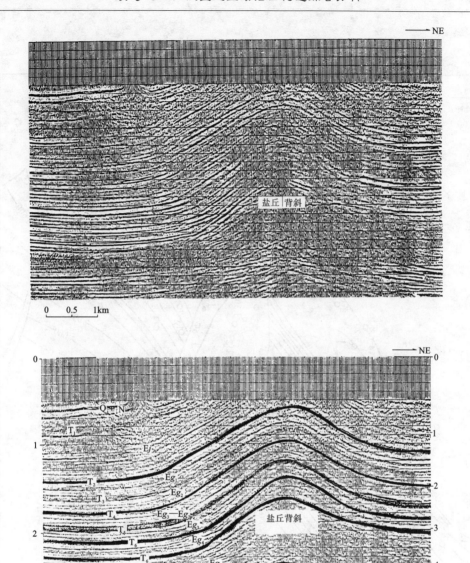

图 7-1 地震剖面示意图

（1）运行 Surfer7.0.exe 或 Surfer10.0.exe，进入 Surfer 工作界面。

（2）根据所给资料读取相关数据并输入计算机。本实习数据已准备，在"构造分析数据"目录中。其中，Jh-40w.dat 代表钻井分层数据表中的潜四段潜四上 $4^{中}$ 地层底面埋深数据，Jh-32w.dat 代表钻井分层数据表中的潜三段潜三上 $3^2$ 地层底面埋深数据，Jh-22w.dat 代表钻井分层数据表中的潜二段 $2^{2下}$ 地层底面埋深数据。

（3）数据网格化（Grid）。

（4）Map 作图，利用"Contour"分别做出相关的平面图，利用"Surface"分别做出相关的立体图，利用计算做出地层等厚图。

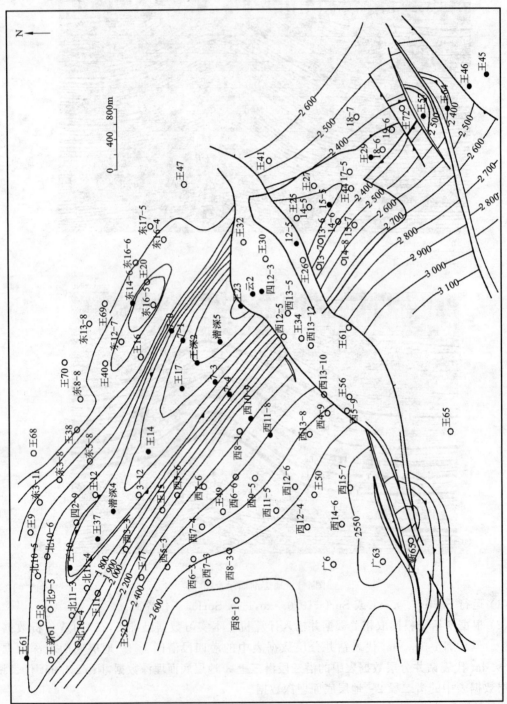

图7-2 王场油田平面图

### 2. 分析构造的整体演化

完成主干断层和背斜生长指数的计算及编图,利用生长指数(背斜和主干断层)图及相关平面图、剖面图分析构造的演化。

### 3. 构造样式和构造成因的探讨

利用石油勘探构造分析的基本知识和理论分析王场地区的主要构造样式,并探讨构造成因。构造样式(Structural styles)是指同一期构造变形或同一应力作用下所产生的构造的总和。依据 Harding T P 及 Lowell J D 提出的分类方案,按沉积盖层的变形是否受基底构造的控制,分为基底卷入型和盖层滑脱型两大类;在此基础上,又根据形变的力学性质和应力传递方式进一步细分为 8 种基本构造样式[见《石油勘探构造分析》(第一版)第 5 页表 1-1(王燮培等,1990)]。

不同的构造都有其特有的形成机制和成因。例如,生长背斜是在盆地整体沉降背景下,局部上隆构成的背斜构造,主要发育在离散型板块边缘的张性或张扭性盆地中,从受力的情况分析可有以下 4 种成因类型:①受压性、压扭性基底断裂控制的生长背斜;②受张性、张扭性基底断裂控制的生长背斜;③生长断层下降盘的逆牵引背斜;④底辟型生长背斜。生长断裂主要有两种成因:①构造运动因素,强调基底断裂活动对上覆沉积盖层的影响,就是说沉积盖层中的生长断裂受基底断裂控制,是区域构造运动的产物;②重力构造理论,认为沉积盖层自身的重力以及由此产生的重力滑动、沉积压实、异常孔隙流体压力和塑性流动是造成生长断裂的主要因素,它与区域构造应力没有直接联系。

### 4. 圈闭及油气藏讨论

利用石油地质学基本知识和理论分析王场地区的圈闭及油气藏的类型与特征。

## 五、实习指导

### 1. 实习区地质背景

江汉盆地是燕山运动晚期形成的中新生代陆相断陷盆地,面积约 28 000 km²,基底由一套以海相碳酸盐岩为主的前白垩系组成,盖层部分为白垩系-古近系的碎屑岩系夹大量盐系地层,上覆地层为新近系及第四系,盆地在发展过程中主要经历了张裂(断陷)、坳陷两个构造旋回。潜江凹陷是江汉盆地较大的次级构造单元,也是江汉盆地最重要的生烃凹陷。潜江凹陷位于江汉盆地中部,面积为 2 500 km²,是潜江组沉积时期盆地的汇水中心及沉降中心,北部以潜北断裂为界,分别与荆门凹陷、乐乡关地垒、汉水地堑、永隆河隆起相接;东南部以通海口断层与通海口凸起分界;东北和西南分别与岳山低凸起和丫角新沟低凸起呈斜坡过渡(图7-3)。王场地区位于潜江凹陷北部,面积为 120 km²,整体构造格架为盐背斜及其周缘向斜和多条切割褶皱的 NE 向正断层,为江汉油田的主产油区(图 7-4)。

### 2. 实习附图表(表 7-1、表 7-2)

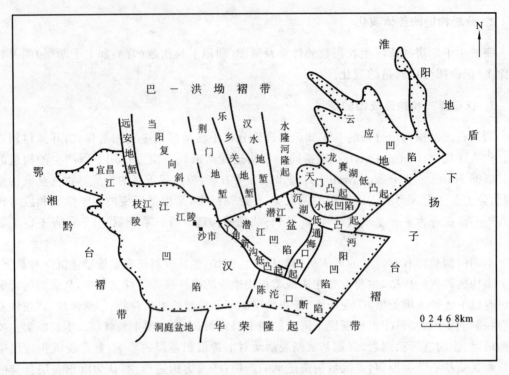

图 7-3 江汉盆地构造单元图

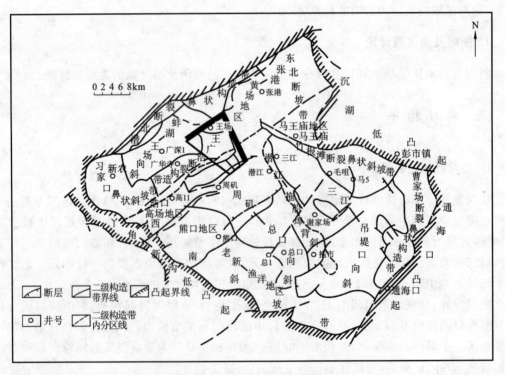

图 7-4 江汉盆地潜江凹陷构造区划图

表 7-1 江汉盆地地层简表

| 地层系统 | | | | 岩性简述 | 厚度(m) | 含油岩系 | 含盐岩系 | 沉积旋回 | 构造分期 |
|---|---|---|---|---|---|---|---|---|---|
| 系 | 统 | 组 | 段 | | | | | | |
| 第四系 | 全更新统 | 平原组 | | 灰色黏土、粉砂、细砂、砾石层 | 50~150 | | | | |
| 新近系 | 上中新统 | 广华寺组 | | 杂色泥岩夹砂岩、砾岩 | 300~900 | | | | |
| 古近系 | 中上渐新统 | 荆河镇组 | | 灰绿色泥岩、粉砂岩夹油页岩，含钙芒硝泥岩 | 0~1 000 | 第二含油岩系 | 第二含盐岩系 | 第二沉积旋回 | 坳陷期 |
| | 下渐新统 | 潜江组 | 潜一段 | 上部为灰、深灰色泥岩，泥膏岩、油页岩夹盐岩；中部为灰色泥岩与粉砂岩互层；下部为膏、盐和沙泥岩互层夹鲕状泥灰岩 | 120~450 | | | | |
| | 上始新统 | | 潜二段 | 由24个韵律组成，每个韵律含盐岩、钙芒硝岩、碳酸盐岩、泥岩、泥膏岩、泥灰岩，盐下1~2m内常有油浸，有时在韵律底发育有粉砂—细砂岩 | 110~700 | | | | 断陷期 |
| | | | 潜三段 | 上段为灰、深灰色泥岩、粉砂岩及鲕状泥灰岩夹3个韵律层及2个砂组；下段为深灰色泥岩、碳酸盐岩、钙芒硝岩、盐岩等组成14个韵律层，并夹有粉砂岩 | 150~640 | | | | |
| | | | 潜四上 | 灰、深灰色泥岩、碳酸盐岩、钙芒硝岩、盐岩、油浸泥岩及细粉砂岩 | 100~700 | | | | |
| | | | 潜四下 | 灰、深灰色泥岩、碳酸盐岩、钙芒硝岩、盐岩 | 173~2 218 | | | | |
| | 中始新统 | 荆沙组 | | 棕红、紫红色泥岩、含膏泥岩、粉砂岩 | 600~1 900 | | | | 张裂缝 |
| | 下始新统 | 新沟咀组 | | 紫红色、灰色泥岩、泥膏岩、石膏质粉砂岩 | 600~1 000 | 第一含油岩系 | 第一含盐岩系 | 第一沉积旋回 | 坳陷期 |
| | 古新统 | 沙市组 | | 深灰色、棕红色泥岩、石膏、含膏泥岩、粉砂岩 | 200~1 900 | | | | |
| 白垩系 | 上统 | | | 棕紫红色泥岩、膏泥岩、石膏、粉砂岩、红色沙泥质泥岩夹砾岩 | 1 200~2 800 | | | | 断陷期 |
| | 下统 | | | | 0~2 000 | | | | 张裂缝 |

表 7-2 钻井分层数据表

| 地层 | | | | 井号 | 王 10 井 | | 王 14 井 | | 王 17 井 | | 王 23 井 | |
|---|---|---|---|---|---|---|---|---|---|---|---|---|
| | | | | | 井深(m) | 厚度(m) | 井深(m) | 厚度(m) | 井深(m) | 厚度(m) | 井深(m) | 厚度(m) |
| 第四系 | 更新统 | | | 平原组 | 50.0 | 50.0 | 54.0 | 54.0 | 70.0 | 70.0 | 48.0 | 48.0 |
| 新近系 | 中新统 | | | 广华寺组 | 372.5 | 322.5 | 357.5 | 303.5 | 339.0 | 269.0 | 484.0 | 436.0 |
| 古近系 | 渐新统 | 上始新统 | | 荆河镇组 | 655.0 | 282.6 | 647.5 | 290.0 | 686.0 | 347.0 | 858.0 | 374.0 |
| | | | 潜一段 | $1^1$ | 776.5 | 121.5 | 795.0 | 147.5 | 804.5 | 118.5 | 958.5 | 100.5 |
| | | | | $1^2$ | 864.5 | 78.0 | 871.0 | 76.0 | 874.0 | 69.5 | 1 012.5 | 54.0 |
| | | | | $1^3$ | 1 014.5 | 160.0 | 1 017.0 | 146.0 | 993.0 | 119.0 | 1 078.0 | 65.5 |
| | | 潜江组 | 潜二段 | $2^1$ | 1 138.5 | 124.0 | 1 128.0 | 111.0 | 1 083.5 | 90.5 | 1 124.5 | 46.5 |
| | | | | $2^2$ | 1 256.5 | 118.0 | 1 216.0 | 88.0 | 1 158.0 | 74.5 | 1 187.5 | 63.0 |
| | | | | $2^{2下}$ | 1 348.0 | 9.5 | 1 286.0 | 70.0 | 1 216.0 | 58.0 | 1 234.5 | 47.0 |
| | | | | $2^3$ | 1 566.5 | 218.0 | 1 443.0 | 157.0 | 1 357.5 | 141.5 | 1 278.0 | 43.5 |
| | | | 潜三段 潜三上 | $3^1$ | 1 623.0 | 56.5 | 1 498.0 | 55.0 | 1 402.5 | 45.0 | | |
| | | | | $3^{1下}$ | 1 690.5 | 67.5 | 1 552.5 | 54.5 | 1 450.0 | 47.5 | | |
| | | | | $3^2$ | 1 776.0 | 85.5 | 1 624.5 | 72.0 | 1 514.5 | 64.5 | 1 335.0 | 57.0 |
| | | | 潜三下 | $3^3$ | 1 852.5 | 76.5 | 1 692.5 | 68.0 | 1 571.5 | 57.0 | 1 382.0 | 47.0 |
| | | | | $3^{3下}$ | 1 974.0 | 121.5 | 1 798.5 | 106.0 | 1 655.0 | 83.5 | 1 435.5 | 53.5 |
| | | | | $3^4$ | 2 116.0 | 142.0 | 1 935.5 | 137.0 | 1 766.0 | 111.0 | 1 519.0 | 83.5 |
| | | | 潜四上 | $4^1$ | 2 184.5 | 68.5 | 1 983.0 | 47.5 | 1 806.0 | 40.0 | 1 555.0 | 36.0 |
| | | | | $4^{1下}$ | 2 200.0 | 15.5 | 2 012.0 | 29.0 | 1 829.0 | 23.0 | 1 577.0 | 22.0 |
| | | | | $4^0$ | | | 2 036.0 | 24.0 | 1 846.0 | 17.0 | 1 592.5 | 15.5 |
| | | | | $4^{0中}$ | | | 2 173.5 | 137.5 | 1 957.5 | 111.5 | 1 703.5 | 111.0 |
| | | | | $4^{0下}$ | | | 2 244.0 | 70.5 | 2 009.0 | 51.5 | 1 751.0 | 47.5 |
| | | | 潜四段 | $4^2$ | | | 2 268.5 | 24.5 | 2 036.0 | 27.5 | 1 778.0 | 27.0 |
| | | | | $4^{2下}$ | | | 2 326.5 | 58.0 | 2 077.5 | 41.0 | 1 818.0 | 40.0 |
| | | | | $4^3$ | | | 2 388.0 | 61.5 | 2 124.0 | 46.5 | 1 860.0 | 42.0 |
| | | | 潜四下 | U形凹 | | | | | | | | |
| | | | | 两近一远 | | | 2 392.8 | 4.8 | 2 130.0 | 6.0 | 3 205.0 | 1 345.0 |
| | 中始新统 | | | 荆沙组 | | | | | | | | |
| 断层数据 | | | | | | | | | | | 对王深2井缺失 1 400－1 228＝172(m) | |

续表 7-2

| 地层 | | | | 井号 | 王 29 井 | | 王 37 井 | | 王 45 井 | | 王 46 井 | |
|---|---|---|---|---|---|---|---|---|---|---|---|---|
| | | | | | 井深(m) | 厚度(m) | 井深(m) | 厚度(m) | 井深(m) | 厚度(m) | 井深(m) | 厚度(m) |
| 第四系 | 更新统 | | 平原组 | | 132.5 | 132.5 | 50.0 | 50.0 | 135.0 | 135.0 | 130.0 | 130.0 |
| 新近系 | 中新统 | | 广华寺组 | | 800.5 | 667.5 | 358.0 | 308.0 | 1 042.0 | 907.0 | 1 011.0 | 881.0 |
| 古近系 | 渐新统 | 潜江组 | 荆河镇组 | | 1 511.0 | 711.0 | 633.5 | 275.5 | 1 885.5 | 843.5 | 1 831.0 | 820.0 |
| | | | 潜一段 | $1^1$ | 1 668.5 | 157.5 | 773.5 | 140.0 | 2 033.0 | 147.5 | 1 979.5 | 148.5 |
| | | | | $1^2$ | 1 731.0 | 62.5 | 854.0 | 80.5 | 2 089.0 | 56.0 | 2 037.5 | 58.0 |
| | | | | $1^3$ | 1 843.5 | 112.5 | 1 016.0 | 162.5 | 2 137.0 | 48.0 | 2 134.0 | 96.5 |
| | | | 潜二段 | $2^1$ | 1 944.0 | 100.5 | 1 143.5 | 127.5 | | | 2 220.0 | 86.0 |
| | | | | $2^2$ | 2 026.5 | 82.5 | 1 257.0 | 113.5 | | | 2 288.0 | 68.0 |
| | | | | $2^{2下}$ | 2 095.0 | 68.5 | 1 341.0 | 84.0 | | | 2 345.0 | 57.0 |
| | | | | $2^3$ | 2 248.0 | 153.0 | 1 540.5 | 199.5 | | | 2 428.0 | 83.0 |
| | 上始新统 | | 潜三段 | 潜三上 $3^1$ | 2 282.5 | 34.5 | 1 593.5 | 53.0 | | | | |
| | | | | $3^{1下}$ | 2 341.0 | 58.5 | 1 656.0 | 62.5 | | | | |
| | | | | $3^2$ | 2 399.0 | 58.5 | 1 739.5 | 83.5 | | | | |
| | | | | 潜三下 $3^3$ | 2 466.0 | 67.0 | 1 815.0 | 75.5 | | | | |
| | | | | $3^{3下}$ | 2 560.5 | 94.5 | 1 933.0 | 118.0 | | | 2 480.0 | 52.0 |
| | | | | $3^4$ | 2 647.5 | 87.0 | 2 077.5 | 144.5 | | | 2 573.5 | 93.5 |
| | | | 潜四段 | 潜四上 $4^1$ | | | 2 142.5 | 65.0 | | | 2 605.5 | 32.0 |
| | | | | $4^{1下}$ | | | 2 178.0 | 35.5 | | | 2 637.0 | 31.5 |
| | | | | $4^0$ | | | 2 212.5 | 34.5 | | | 2 659.0 | 22.0 |
| | | | | $4^{0中}$ | | | 2 379.5 | 167.0 | | | 2 785.5 | 126.5 |
| | | | | $4^{0下}$ | | | 2 451.0 | 71.5 | | | 2 840.0 | 54.5 |
| | | | | $4^2$ | | | 2 493.5 | 42.5 | | | 2 869.5 | 29.5 |
| | | | | $4^{2下}$ | | | 2 542.5 | 49.0 | | | 2 911.5 | 42.0 |
| | | | | $4^3$ | | | 2 611.0 | 68.5 | | | 2 954.5 | 43.0 |
| | | | 潜四下 | U 形凹 两近一远 | 3 200.7 | 553.2 | 2 640.4 | 29.4 | | | 3 001.0 | 46.5 |
| | 中始新统 | | 荆沙组 | | | | | | | | | |
| | 断层数据 | | | | 对王23井缺失 2 185－1 490 ＝695(m) | | | | | | 对明2井缺失 2 250－2 061 ＝189(m) | |

续表 7-2

| 地层 | | | | 井号 | 王 61 井 | | 王 57 井 | | 王 64 井 | | 王深 2 井 | |
|---|---|---|---|---|---|---|---|---|---|---|---|---|
| | | | | | 井深(m) | 厚度(m) | 井深(m) | 厚度(m) | 井深(m) | 厚度(m) | 井深(m) | 厚度(m) |
| 第四系 | 更新统 | | | 平原组 | 75.0 | 75.0 | 150.0 | 150.0 | | | | |
| 新近系 | 中新统 | | | 广华寺组 | 445.0 | 370.0 | 896.0 | 746.0 | 955.0 | | | |
| 古近系 | 渐新统 | 上始新统 | | 荆河镇组 | 807.0 | 362.0 | 1 690.5 | 794.5 | 1 760.0 | 805.0 | 707.5 | |
| | | | 潜一段 | $1^1$ | 973.0 | 166.0 | 1 830.0 | 139.5 | 1 902.5 | 142.5 | 821.5 | 114.0 |
| | | | | $1^2$ | 1 057.5 | 84.5 | 1 894.0 | 64.0 | 1 964.5 | 62.5 | 884.5 | 63.0 |
| | | | | $1^3$ | 1 229.5 | 171.5 | 1 989.0 | 95.0 | 2 061.5 | 97.0 | 981.5 | 97.0 |
| | | | 潜二段 | $2^1$ | 1 343.0 | 114.0 | 2 079.5 | 90.5 | 2 153.0 | 91.5 | 1 068.0 | 86.5 |
| | | | | $2^2$ | 1 428.5 | 85.5 | 2 136.0 | 56.5 | 2 215.5 | 62.5 | 1 137.0 | 69.0 |
| | | | | $2^{2下}$ | 1 500.5 | 72.0 | 2 159.5 | 23.5 | 2 250.0 | 34.5 | 1 185.5 | 48.5 |
| | | | | $2^3$ | 1 712.0 | 211.5 | 2 268.5 | 109.0 | 2 315.0 | 65.0 | 1 308.5 | 123.0 |
| | | 潜江组 | 潜三段 | $3^1$ (潜三上) | 1 770.5 | 58.5 | 2 299.5 | 30.5 | 2 335.0 | 20.0 | 1 351.5 | 43.0 |
| | | | | $3^{1下}$ | 1 841.5 | 71.0 | 2 344.5 | 45.5 | 2 365.0 | 30.0 | 1 396.0 | 44.5 |
| | | | | $3^2$ | 1 931.0 | 89.5 | 2 400.0 | 55.5 | 2 401.5 | 36.5 | 1 458.5 | 62.5 |
| | | | | $3^3$ (潜三下) | 2 004.5 | 73.5 | 2 455.0 | 55.0 | 2 448.5 | 47.0 | 1 513.0 | 54.5 |
| | | | | $3^{3下}$ | 2 132.0 | 127.5 | 2 537.0 | 82.5 | 2 518.5 | 70.0 | 1 592.5 | 79.5 |
| | | | | $3^4$ | 2 271.0 | 139.0 | 2 653.5 | 116.0 | 2 629.0 | 110.5 | 1 696.5 | 104.0 |
| | | | 潜四段 | $4^1$ (潜四上) | 2 352.5 | 81.5 | 2 685.0 | 31.5 | 2 667.0 | 38.0 | 1 737.0 | 40.5 |
| | | | | $4^{1下}$ | 2 388.5 | 36.0 | 2 744.2 | 59.2 | 2 698.0 | 31.0 | 1 759.0 | 22.0 |
| | | | | $4^0$ | 2 429.5 | 41.0 | | | 2 718.5 | 20.5 | 1 775.0 | 16.0 |
| | | | | $4^{0中}$ | 2 671.0 | 241.5 | | | 2 840.5 | 122.0 | 1 885.0 | 110.0 |
| | | | | $4^{0下}$ | 2 769.0 | 98.0 | | | 2 887.0 | 46.5 | 1 934.0 | 49.0 |
| | | | | $4^2$ | 2 815.0 | 46.5 | | | 2 915.0 | 28.0 | 1 961.0 | 27.0 |
| | | | | $4^{2下}$ | 2 884.5 | 69.0 | | | 2 949.0 | 34.0 | 2 004.5 | 43.5 |
| | | | | $4^3$ | 2 968.0 | 83.5 | | | 2 985.0 | 36.0 | 2 044.5 | 40.0 |
| | | | 潜四下 | U 形凹 两近一远 | 2 977.4 | 9.44 | | | 3 027.2 | 42.7 | | |
| | | | | | | | | | | | 4 264.0 | 2 219.5 |
| | 中始新统 | | | 荆沙组 | | | | | | | 5 163.0 | 899.0 |
| 断层数据 | | | | | | | 对王 27 井缺失 2 114.5−2 077.0 =37.5(m) | | (1)对王 46 井缺失 2 348−2 333=15(m)<br>(2)对王 43 井缺失 2 290−2 232=58(m) | | | |

续表 7-2

| 地层 | | | 井号 | 潜深 4 井 | | 潜深 5 井 | |
|---|---|---|---|---|---|---|---|
| | | | | 井深(m) | 厚度(m) | 井深(m) | 厚度(m) |
| 第四系 | 更新统 | | 平原组 | 84.0 | 84.0 | 80.0 | 80.0 |
| 新近系 | 中新统 | | 广华寺组 | 554.0 | 470.0 | 584.5 | 504.5 |
| 古近系 | 渐新统 | | 荆河镇组 | | | 934.0 | 349.5 |
| | 上始新统 | 潜江组 | 潜一段 $1^1$ | 838.0 | 81.0 | 998.5 | 64.5 |
| | | | 潜一段 $1^2$ | 881.5 | 43.5 | 1 041.0 | 42.5 |
| | | | 潜一段 $1^3$ | 928.0 | 46.5 | 1 114.5 | 73.5 |
| | | | 潜二段 $2^1$ | 1 004.0 | 76.0 | 1 179.5 | 65.0 |
| | | | 潜二段 $2^2$ | 1 061.0 | 57.0 | 1 225.0 | 45.5 |
| | | | 潜二段 $2^{2下}$ | 1 106.5 | 45.5 | | |
| | | | 潜二段 $2^3$ | 1 200.5 | 94.0 | 1 250.0 | 25.0 |
| | | | 潜三上 $3^1$ | | | 1 276.0 | 26.0 |
| | | | 潜三上 $3^{1下}$ | | | 1 306.0 | 30.0 |
| | | | 潜三上 $3^2$ | | | 1 342.5 | 36.5 |
| | | | 潜三下 $3^3$ | 1 219.5 | 19.0 | 1 376.0 | 33.5 |
| | | | 潜三下 $3^{3下}$ | 1 279.0 | 59.5 | 1 414.5 | 38.5 |
| | | | 潜三下 $3^4$ | 1 305.5 | 26.5 | 1 472.5 | 58.0 |
| | | | 潜四上 $4^1$ | 1 329.0 | 23.5 | 1 485.5 | 13.0 |
| | | | 潜四上 $4^{1下}$ | 1 343.0 | 14.0 | 1 499.5 | 14.0 |
| | | | 潜四上 $4^0$ | 1 439.0 | 96.0 | 1 510.0 | 10.5 |
| | | | 潜四上 $4^{0中}$ | 1 495.0 | 56.0 | 1 589.0 | 79.0 |
| | | | 潜四上 $4^{0下}$ | 1 514.5 | 19.5 | 1 637.0 | 48.0 |
| | | | 潜四段 $4^2$ | 1 550.0 | 35.5 | 1 656.5 | 19.5 |
| | | | 潜四段 $4^{2下}$ | 1 594.0 | 44.0 | 1 689.0 | 32.5 |
| | | | 潜四段 $4^3$ | 1 731.5 | 137.5 | 1 730.0 | 41.0 |
| | | | 潜四下 U形凹 | 2 000.0 | 268.0 | 1 842.0 | 112.0 |
| | | | 潜四下 两近一远 | | | | |
| | 中始新统 | | 荆沙组 | | | | |
| 断层数据 | | | | (1)680m 对潜深 3 井缺失 780−726=54(m)<br>(2)881.5m 对潜深 5 井缺失 1 060−1 041=19(m)<br>(3)1 200.5m 对潜 6 井缺失 1 940−1 758=182(m) | | 1 225.0m 对潜 6 井缺失<br>1 732−1 615.5=116.5(m) | |

续表 7-2

| 地层 | | | 井号 | 王西 11-8 井 | | 王东新 13-5 井 | | 王东 14-6 井 | |
|---|---|---|---|---|---|---|---|---|---|
| | | | | 井深(m) | 厚度(m) | 井深(m) | 厚度(m) | 井深(m) | 厚度(m) |
| 第四系 | 更新统 | | 平原组 | ～～～ | ～～～ | ～～～ | ～～～ | ～～～ | ～～～ |
| 新近系 | 中新统 | 广华寺组 | 广一段 | 230.0 | | 163.0 | | 181.5 | |
| | | | 广二段 | 453.0 | 223.0 | 345.5 | 182.5 | 412.0 | 230.5 |
| | | | 广三段 | 624.5 | 171.5 | 445.5 | 100.0 | 565.0 | 153.0 |
| 古近系 | 渐新统 | 荆河镇组 | 河一段 | 638.5 | 14.0 | | | | |
| | | | 河二段 | 878.0 | 239.5 | 544.0 | 98.5 | 688.0 | 123.0 |
| | | | 河三段 | 1 260.0 | 382.0 | 902.5 | 358.5 | 1 037.5 | 349.5 |
| | | | 河四段 | 1 420.0 | 160.0 | 1 052.5 | 150.0 | 1 183.0 | 145.5 |
| | 上始新统 | 潜江组 | 潜一段 $1^1$ | 1 589.5 | 169.5 | 1 208.5 | 156.0 | 1 341.0 | 158.0 |
| | | | $1^2$ | 1 658.0 | 68.5 | 1 282.5 | 74.0 | 1 411.0 | 70.0 |
| | | | $1^3$ | 1 792.0 | 134.0 | 1 412.5 | 130.0 | 1 543.5 | 132.5 |
| | | | 潜二段 $2^1$ | | | | | | |
| | | | $2^2$ | 2 002.5 | 210.5 | 1 752.0 | 339.5 | 1 770.5 | 227.0 |
| | | | $2^{2下}$ | 2 116.5 | 114.0 | 1 872.0 | 120.0 | 1 845.0 | 75.0 |
| | | | $2^3$ | 2 284.0 | 167.5 | 2 047.5 | 175.5 | 2 036.5 | 191.0 |
| | | | 潜三段 潜三上 $3^1$ | 2 327.5 | 43.5 | 2 094.0 | 46.5 | 2 084.0 | 47.5 |
| | | | $3^{1下}$ | 2 379.5 | 52.0 | 2 146.0 | 52.0 | 2 141.5 | 57.5 |
| | | | $3^2$ | 2 448.0 | 68.5 | 2 209.0 | 63.0 | 2 203.0 | 61.5 |
| | | | 潜三下 $3^3$ | 2 509.0 | 61.0 | 2 267.5 | 58.5 | 2 268.0 | 65.0 |
| | | | $3^{3下}$ | 2 601.0 | 92.0 | 2 355.0 | 87.5 | 2 359.0 | 91.0 |
| | | | $3^4$ | 2 722.0 | 121.0 | 2 473.0 | 18.0 | 2 487.0 | 128.0 |
| | | | 潜四段 潜四上 $4^1$ | 2 768.0 | 46.0 | 2 512.0 | 39.5 | 2 522.0 | 35.5 |
| | | | $4^{1下}$ | 2 796.0 | 28.0 | 2 537.0 | 24.5 | 2 553.5 | 31.0 |
| | | | $4^0$ | 2 816.5 | 20.5 | 2 555.0 | 18.0 | 2 572.0 | 18.5 |
| | | | $4^{0中}$ | 2 952.5 | 136.0 | 2 678.0 | 123.0 | 2 702.5 | 130.5 |
| | | | $4^{0下}$ | 3 008.5 | 56.0 | 2 732.5 | 54.5 | 2 760.0 | 57.5 |
| | | | $4^2$ | 3 037.5 | 29.0 | 2 759.0 | 26.5 | 2 787.0 | 27.0 |
| | | | $4^{2下}$ | 3 076.5 | 39.0 | 2 801.5 | 42.5 | 2 834.0 | 47.0 |
| | | | $4^3$ | 3 126.0 | 49.5 | 2 843.5 | 42.0 | 2 879.0 | 45.0 |
| | | | 潜四下 U形凹 两近一远 | 3 162.7 | 32.7 | 2 580.0 | 36.5 | 2 909.0 | 30.0 |
| | 中始新统 | | 荆沙组 | | | | | | |
| | | | 断层数据 | | | | | | |

续表 7-2

| 地层 | | | | 井号 | 王西 12-3 井 | | 王 7-水 0 井 | | 王东 7-1 井 | |
|---|---|---|---|---|---|---|---|---|---|---|
| | | | | | 井深(m) | 厚度(m) | 井深(m) | 厚度(m) | 井深(m) | 厚度(m) |
| 第四系 | 更新统 | | | 平原组 | 57.5 | | | | | |
| 新近系 | 中新统 | | 广华寺组 | 广一段 | 135.0 | 77.5 | | | | |
| | | | | 广二段 | 340.0 | 205.0 | | | | |
| | | | | 广三段 | 467.0 | 127.0 | 436.0 | | 366.5 | |
| 古近系 | 渐新统 | | 荆河镇组 | 河一段 | | | | | | |
| | | | | 河二段 | 614.5 | 147.5 | | | | |
| | | | | 河三段 | 901.0 | 286.5 | 683.0 | 247.0 | 566.0 | 199.5 |
| | | | | 河四段 | 1 012.0 | 111.0 | 832.0 | 149.0 | 738.0 | 172.0 |
| | 上始新统 | 潜江组 | 潜一段 | $1^1$ | 1 126.5 | 114.5 | 987.0 | 155.0 | 868.0 | 130.0 |
| | | | | $1^2$ | 1 182.0 | 55.5 | 1 065.0 | 78.0 | 936.5 | 68.5 |
| | | | | $1^3$ | 1 250.0 | 68.0 | 1 193.0 | 128.0 | 1 045.5 | 109.0 |
| | | | 潜二段 | $2^1$ | | | 1 294.0 | 101.0 | 1 131.0 | 85.5 |
| | | | | $2^2$ | 1 386.0 | 136.0 | | 34.0 | | 40.5 |
| | | | | $2^{2下}$ | 1 427.5 | 41.5 | 1 394.5 | 66.5 | 1 219.0 | 47.5 |
| | | | | $2^3$ | 1 466.0 | 38.5 | 1 544.0 | 149.5 | 1 351.0 | 132.0 |
| | | | 潜三段 | 潜三上 $3^1$ | 1 607.0 | 63.0 | 1 394.5 | 43.5 | | |
| | | | | $3^{1下}$ | | | 1 673.0 | 66.0 | 1 440.0 | 45.5 |
| | | | | $3^2$ | | | 1 744.0 | 101.0 | 1 502.0 | 62.0 |
| | | | | 潜三下 $3^3$ | | | 1 823.0 | 49.0 | 1 573.3 | 71.3 |
| | | | | $3^{3下}$ | 1 493.0 | 27.0 | | | | |
| | | | | $3^4$ | 1 572.5 | 79.5 | | | | |
| | | | 潜四段 | 潜四上 $4^1$ | 1 577.5 | 5.0 | | | | |
| | | | | $4^{1下}$ | 1 599.0 | 21.5 | | | | |
| | | | | $4^0$ | 1 614.0 | 15.0 | | | | |
| | | | | $4^{0中}$ | 1 718.5 | 104.5 | | | | |
| | | | | $4^{0下}$ | 1 767.0 | 48.5 | | | | |
| | | | | $4^2$ | 1 799.5 | 32.5 | | | | |
| | | | | $4^{2下}$ | 1 836.0 | 36.5 | | | | |
| | | | | $4^3$ | 1 879.5 | 43.5 | | | | |
| | | | 潜四下 | U 形凹 | | | | | | |
| | | | | 两近一远 | | | | | | |
| | | | | | 1 946.6 | 67.1 | | | | |
| | 中始新统 | | | 荆沙组 | | | | | | |
| | | | 断层数据 | | 对王深 2 井缺失 1 570−1 237=333(m) 1 737.5−1 701=36.5(m) | | 1 311m 对王东 13-2 井缺失 1 403−1 368=35(m) | | 1 159m 对王 7-2 井缺失 1 119−1 094=25(m) | |

续表 7-2

| 地层 | | | | 井号 | 王 7-3 井 | | 王 7-4 井 | | 王 10-3 井 | |
|---|---|---|---|---|---|---|---|---|---|---|
| | | | | | 井深(m) | 厚度(m) | 井深(m) | 厚度(m) | 井深(m) | 厚度(m) |
| 第四系 | 更新统 | | 平原组 | | ～～～ | ～～～ | ～～～ | ～～～ | ～～～ | ～～～ |
| 新近系 | 中新统 | 广华寺组 | 广一段 | | | | | | | |
| | | | 广二段 | | | | | | | |
| | | | 广三段 | | 348.5 | | 402.0 | | 448.5 | |
| 古近系 | 渐新统 | 荆河镇组 | 河一段 | | | | | | | |
| | | | 河二段 | | | | 262.0 | 410.0 | 8.0 | |
| | | | 河三段 | | 610.5 | 171.5 | 692.5 | 282.5 | 630.0 | 181.5 |
| | | | 河四段 | | 782.0 | 119.0 | 865.0 | 172.5 | 799.0 | 169.0 |
| | 上始新统 | 潜江组 | 潜一段 | $1^1$ | 901.0 | 65.0 | 992.0 | 127.0 | 900.5 | 101.5 |
| | | | | $1^2$ | 966.0 | 93.0 | 1 060.0 | 68.0 | 958.0 | 57.5 |
| | | | | $1^3$ | 1 059.0 | 81.5 | 1 161.5 | 101.5 | 1 037.5 | 79.5 |
| | | | 潜二段 | $2^1$ | 1 140.5 | 59.5 | 1 251.5 | 90.0 | 1 107.5 | 70.0 |
| | | | | $2^2$ | | 49.0 | 1 319.5 | 68.0 | 1 146.0 | 38.5 |
| | | | | $2^{2下}$ | 1 249.0 | 118.5 | 1382.5 | 63.0 | 1 175.0 | 29.0 |
| | | | | $2^3$ | 1 367.5 | 41.5 | | 121.0 | | 54.5 |
| | | | 潜三段 | 潜三上 $3^1$ | 1 409.0 | 44.5 | 1 542.6 | 39.1 | 1 268.0 | 38.5 |
| | | | | $3^{1下}$ | 1 453.5 | 64.5 | | | 1 311.0 | 43.0 |
| | | | | $3^2$ | 1 518.0 | 48.8 | | | 1 371.0 | 60.0 |
| | | | | 潜三下 $3^3$ | 1 566.8 | | | | 1 415.0 | 44.0 |
| | | | | $3^{3下}$ | | | | | | |
| | | | | $3^4$ | | | | | | |
| | | | 潜四段 | $4^1$ | | | | | | |
| | | | | $4^{1下}$ | | | | | | |
| | | | | 潜四上 $4^0$ | | | | | | |
| | | | | $4^{0中}$ | | | | | | |
| | | | | $4^{0下}$ | | | | | | |
| | | | | $4^2$ | | | | | | |
| | | | | $4^{2下}$ | | | | | | |
| | | | | $4^3$ | | | | | | |
| | | | | 潜四下 U形凹 | | | | | | |
| | | | | 两近一远 | | | | | | |
| | 中始新统 | | 荆沙组 | | | | | | | |
| 断层数据 | | | | | 1 185m 对王 6-3 井缺失 1 173－1 155=18(m) | | (1)1 401.0m 对王 8-4 井缺失 1 427.5－1 420=7.5(m) (2)1 406.0m 对王 8-4 井缺失 1 443.0－1 433.5=9.5(m) | | 1 189.5m 对王 9-2 井缺失 1 266－1 231=35(m) | |

续表 7-2

| 地层 | | | | 井号 | 王 12-5 井 | | 王 15-6 井 | | 王 15-8 井 | |
|---|---|---|---|---|---|---|---|---|---|---|
| | | | | | 井深(m) | 厚度(m) | 井深(m) | 厚度(m) | 井深(m) | 厚度(m) |
| 第四系 | 更新统 | | 平原组 | | | | | | | |
| 新近系 | 中新统 | 广华寺组 | 广一段 | | | | | | | |
| | | | 广二段 | | | | | | | |
| | | | 广三段 | | 607.0 | | 660.0 | | 703.5 | |
| 古近系 | 渐新统 | 荆河镇组 | 河一段 | | 641.0 | 34.0 | 147.5 | 87.5 | 871.0 | 167.5 |
| | | | 河二段 | | 797.5 | 156.5 | 921.5 | 174.0 | 1 063.0 | 192.0 |
| | | | 河三段 | | 1 081.5 | 284.0 | 1 216.0 | 294.5 | 1 390.5 | 327.5 |
| | | | 河四段 | | 1 204.0 | 122.5 | 1 343.5 | 127.5 | 1 524.0 | 133.5 |
| | | 潜江组 | 潜一段 | $1^1$ | 1 344.0 | 140.0 | 1 506.5 | 163.0 | 1 713.5 | 189.5 |
| | | | | $1^2$ | 1 417.5 | 73.5 | 1 574.5 | 68.0 | 1 786.5 | 73.0 |
| | | | | $1^3$ | 1 544.5 | 127.0 | 1 705.5 | 131.0 | 1 935.5 | 149.0 |
| | 上始新统 | | 潜二段 | $2^1$ | 1 664.0 | 119.5 | 1 824.5 | 119.0 | 2 067.0 | 131.5 |
| | | | | $2^2$ | 1 765.0 | 101.0 | 1 925.0 | 100.5 | 2 180.0 | 113.0 |
| | | | | $2^{2下}$ | 1 843.5 | 78.5 | 2 001.5 | 76.5 | 2 264.5 | 84.5 |
| | | | | $2^3$ | 2 030.0 | 186.5 | 2 181.0 | 179.5 | 2 476.0 | 211.5 |
| | | | 潜三段 潜三上 | $3^1$ | 2 072.5 | 42.5 | 2 229.0 | 48.0 | 2 528.0 | 52.0 |
| | | | | $3^{1下}$ | 2 105.5 | 33.0 | 2 295.0 | 65.0 | 2 580.0 | 52.0 |
| | | | | $3^2$ | | | 2 368.0 | 73.0 | | |
| | | | 潜三下 | $3^3$ | | | 2 410.5 | 42.5 | | |
| | | | | $3^{3下}$ | | | | | | |
| | | | | $3^4$ | | | | | | |
| | | | 潜四上 | $4^1$ | | | | | | |
| | | | | $4^{1下}$ | | | | | | |
| | | | | $4^0$ | | | | | | |
| | | | | $4^{0中}$ | 2 218.6 | 113.1 | | | | |
| | | | | $4^{0下}$ | | | | | | |
| | | | | $4^2$ | | | | | | |
| | | | | $4^{2下}$ | | | | | | |
| | | | | $4^3$ | | | | | | |
| | | | 潜四下 | U 形凹 | | | | | | |
| | | | | 两近一远 | | | | | | |
| | 中始新统 | 荆沙组 | | | | | | | | |
| 断层数据 | | | | | 2 105m 对王 47 井缺失 2 651－2 239＝412(m) | | | | | |

# 实习八  通山-纸坊野外实践教学路线

## 一、实习目的和意义

该实习路线叠合了3种不同类型的盆地:扬子海相克拉通盆地、前陆盆地和断陷盆地。且地层出露层位较全,不同构造环境下的构造变形样式丰富,有利于学生将石油构造分析所学习的理论知识与野外实际地质现象相结合,加深和巩固对课堂基础理论知识的理解,培养学生观察、分析和解决实际问题的能力,初步建立正确的地质思维和构造的时空演化观念。同时,通过观察丰富多彩的地质现象,开阔视野,也能激发学生对专业的兴趣和热爱,为学生将来走向工作岗位和事业发展做好基本准备。同时,该路线的设置也是为了学生能够与周口店野外实践教学进行类比,加深华北地台与扬子地台在地层岩性组成、盆地类型、构造演化、油气地质条件等方面的认识。

针对油气勘探,该区具有和构造相关的、受构造控制的油气成藏的生油岩、储集层、盖层、圈闭、运移和聚集的各类现象,可以让学生学会分析构造对油气生成、运移、聚集、保存等的控制作用,真正成为一个具有实际能力的油气勘探专门人才。

克拉通盆地、前陆盆地和断陷盆地是我国油气聚集和勘探的主战场,大批的学生毕业后都将踏进这些领域去从事相关的油气地质工作。通过这样一个实习,有利于学生更快、更好地了解这些盆地油气成藏的条件、构造特征和时空演化的规律、油气运聚的特点,从而为更好地适应今后的工作和进一步的深造奠定基础。

## 二、实习内容

(1)扬子海相克拉通盆地、前陆盆地和断陷盆地的主要构造现象,包括盆地性质、基底和盖层构成、重要地层接触关系及其构造意义、褶皱和断裂特征等。

(2)伸展、挤压、扭动构造样式类型、主要特征及其成因机制分析;反转构造类型及成因机制分析。

(3)断层和褶皱性质的判别以及构造运动期次的判别与构造演化的分析。

(4)构造对盆地形成演化、沉积充填和沉积相带的控制作用分析;构造对油气生、储、盖、圈、运、保等成藏条件的控制作用分析。

## 三、实习要求

(1)掌握野外 GPS 定点及罗盘的使用。
(2)掌握野簿的野外地质记录规范及要求。

(3) 掌握野外信手剖面图的绘制及典型构造现象的素描。

(4) 观察并描述各种构造现象,通过断层两盘地层关系、牵引现象、擦痕、阶步、透镜体等特征判别断层性质。

(5) 通过地层接触关系判断构造运动的性质、构造演化及其成因。

(6) 从构造样式的角度预测可能的圈闭和油气藏类型。

(7) 完成实习报告一份。

## 四、主要观察点

(1) 扬子海相克拉通盆地地层、构造观察,C/S 平行不整合接触关系观察,加里东期构造运动和作用方式分析(图 8-1、图 8-2)。

图 8-1　志留系地层及构造特征观察
(据陈振林等,2010)

图 8-2　石炭系地层及构造特征观察
(据陈振林等,2010)

(2) 断层擦痕、阶步现象及断层性质判断观察点,扭动构造作用方式分析(图 8-3)。

图 8-3　断层擦痕、阶步现象及性质判断观察

(3)雁列式节理、火炬状节理、断层擦痕和阶步观察点(图 8-4、图 8-5)。

图 8-4　节理切割关系、雁列式节理及断面擦痕观察

图 8-5　火炬状节理及应力方向判别

(4)断陷盆地地层、构造观察点,燕山晚期构造运动和作用方式分析(图 8-6～图 8-8)。

图 8-6 断陷盆地陡坡带砾岩沉积

图 8-7 正断层及地堑结构

图 8-8 断陷盆地主要结构、断层组合和构造样式

(5) 挤压型盆地(前陆盆地)地层、构造观察点,印支期—燕山早期构造运动和作用方式分析。

侏罗系在路线区主要分布于沉湖-土地堂复向斜区,呈南西-北东向条带状展布,在山坡新建村出露较好,属武昌群,发育有武昌群的下统地层,岩性主要有厚层状长石石英砂岩(为一套优质储层)、粉砂岩、泥岩夹薄煤层,属河流相沉积,底砾岩、斜层理等发育(图 8-9);野外还可观察到多条断层,通过地层错动关系、擦痕等分析断层性质及断层发育期次关系。

(6) 反转构造类型及成因机制分析。

图 8-9 侏罗系地层沉积及构造特征观察

## 五、通山-纸坊实习区地质背景

区内地层出露较全,从元古界、古生界、中生界到新生界均有出露,且三大岩石类型都有出露,表 8-1 为实习区地层简表,图 8-10 为实习区构造纲要图。

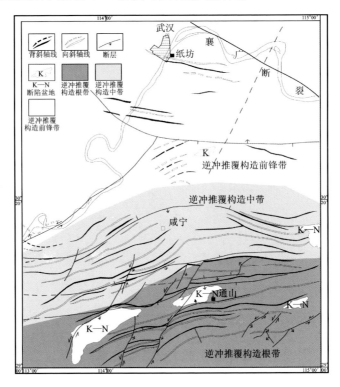

图 8-10 纸坊-通山实习区构造纲要图
(据陈振林等修编,2010)

表 8-1 实习区地层系统简表

| 界 | 系 | 统 | 地方性地层名称 | 代号 | 厚度(m) |
|---|---|---|---|---|---|
| | 第四系 | 全新统 | | $Qh$ | >40 |
| | | 更新统 | | $Qp_3$ | 30~40 |
| | | | | $Qp_2$ | 15~40 |
| | | | | $Qp_1$ | 20 |
| | 上白垩统—新近系 | | | $K_2-N$ | >1 341 |
| 中生界 | 下白垩系 | 下统 | 上火山岩组 | $K_1$ | 2 113 |
| | 侏罗系 | 上统 | 灵乡群 | $J_3 ln$ | 635 |
| | | 中统 | 下火山岩组 | $J_2^b$ | 139 |
| | | | | $J_2^a$ | >494 |
| | | 下统 | 武昌群 | $J_1 Wc$ | 424 |
| | 三叠系 | 上统 | 蒲圻群 | $T_3 Pq$ | >1 269 |
| | | 中统 | 嘉陵江组 | $T_2 jl$ | >281~893 |
| | | 下统 | 大冶组 | $T_1 dy$ | 247~316 |
| 古生界 | 二叠系 | 上统 | 大隆组 | $P_2 d$ | 6~30 |
| | | | 龙潭组 | $P_2 l$ | 37~73 |
| | | 下统 | 茅口组 | $P_1 m$ | 77~104 |
| | | | 栖霞组 | $P_1 q$ | 105~238 |
| | 石炭系 | 上统 | 船山群 | $C_3 Ch$ | 0~35 |
| | | 中统 | 黄龙群 | $C_2 H$ | 30~108 |
| | | 下统 | 大塘组 | $C_1 d$ | 0~44 |
| | 泥盆系 | 上统 | | $D_3$ | 0~118 |
| | 志留系 | 上统 | 茅山组 | $S_3 m$  $S_{2-3}$ | >147 |
| | | 中统 | 坟头组 | $S_2 f$ | 90~700 |
| | | 下统 | 高家边组 | $S_1 g$ | 833~1 461 |
| | 奥陶系 | 中—上统 | | $O_{2+3}$ | 25~100 |
| | | 下统 | | $O_1$ | 440~500 |
| | 寒武系 | 上统 | 立秋湾组 | $\epsilon_2 l$ | 709 |
| | | | 高台组 | $\epsilon_2 g$ | 29 |
| | | 下统 | 东坑组 | $\epsilon_1 d$ | 297 |
| 元古界 | 震旦系 | 上统 | 灯影组 | $Z_2 d$ | 300 |
| | | 下统 | 南沱组 | $Z_1 n$ | 52 |
| | 前震旦系 | | | $AnZ$ | >8 600 |

详细的实习区地质背景资料及主要观察点可参考《油气地质野外创新教学实习基地教学参考书》一书(陈振林等,2010)。

# 主要参考文献

陈振林,周江羽,梅廉夫,等.油气地质野外创新教学实习基地教学参考书[M].武汉:中国地质大学出版社,2010.

陈庆宣,王维襄,孙叶,等.地质力学的方法与实践:岩石力学与构造应力场分析[M].北京:地质出版社,1996.

费琪.成油体系分析与模拟[M].2版.北京:高等教育出版社,2001.

郭福祥.中国南方中新生代大地构造属性和南华造山带褶皱过程[J].地质学报,1998,72(1):22-32.

郭彤楼.十万大山盆地中新生代构造-热演化历史[D].上海:同济大学,2004.

何军,刘怀庆,黎清华,等.广西防城-灵山断裂带北东支灵山段活动性初探[J].华南地质与矿产,2002,28(5):71-79.

黄河生,任镇寰,杨廉法.广西灵山地区断裂活动性与土壤中汞气含量变化[J].华南地震,1990,10(1):42-49.

黄继钧.宣汉双石庙地区纵弯褶皱叠加特征及应力场、应变场分析[J].四川地质学报,1992,12(2):92-100.

蒋维强,林纪曾,赵毅,等.华南地区的小震震源机制与构造应力[J].中国地震,1992,8(1):36-42.

乐光禹.共轭雁行节理系的应力分析[J].地质评论,1985,31(3):217-223.

林畅松,李思田,刘景彦,等.塔里木盆地古生代重要演化阶段的古构造格局与古地理演化[J].岩石学报,2011,27(1):210-218.

刘和甫,夏义平,殷进垠,等.走滑造山带与盆地耦合机制[J].地学前缘,1999,6(3):121-132.

刘和甫.沉积盆地地球动力学分类及构造样式分析[J].地球科学——中国地质大学学报,1993,18(6):699-814.

刘鹤.用StereoNett制作极射赤平投影的新方法[EB/OL].北京:中国科技论文在线[2006-12-19]http://www.paper.edu.cn/releasepaper/content/200612-282.

马杏垣,宿俭.中国地质历史过程中的裂陷作用[M]//现代地壳运动研究.北京:地质出版社,1985.

漆家福,杨桥,王子煜,等.关于编制盆地构造演化剖面的几个问题的讨论[J].地质论评,2001,47(4):388-392.

任收麦,葛肖虹,刘永江.柴达木盆地北缘晚中生代—新生代构造应力场-来自构造节理分析的证据[J].地质通报,2009,28(7):877-886.

苏生瑞.断裂构造对地应力场的影响及其工程意义[J].岩石力学与工程学报,2002,21(2):296.

孙家振,李兰斌.地震地质综合解释教程[M].武汉:中国地质大学出版社,2002.

谭成轩.三维应力场数值模拟在油气运聚分析中的应用[J].新疆石油质,1999,20(6):455-458.

汤良杰,金之钧,漆家福,等.中国含油气盆地构造分析主要进展与展望[J].地质论评,2002,48(2):182-192.

汤良杰.塔里木盆地演化和构造样式[J].地球科学——中国地质大学学报,1994,19(6):742-754.

唐大卿,陈新军,张先平.川东北宣汉-达县地区断裂系统及构造演化[J].石油实验地质,2008,30(1):58-63.

唐永,梅廉夫,陈友智,等.川东北宣汉-达县地区构造应力场对裂缝的控制[J].地质力学学报,2012,18(2):120-139.

田宜平,刘雄,李星,等.构造应力场三维数值模拟的有限单元法[J].地球科学——中国地质大学学报,2011,36(2):375-380.

万天丰.张节理及其形成机制[J].地球科学——武汉地质学院学报.1983,22(3):53-61.

万天丰.古构造应力场[M].北京:地质出版社,1998.

王燮培,费琪,张家骅.石油勘探构造分析(第一版)[M].武汉:中国地质大学出版社,1990.

## 主要参考文献

魏春光,何雨丹,耿长波,等.北部湾盆地北部坳陷新生代断裂发育过程研究[J].大地构造与成矿学,2008,32(1):28-35.
吴继远.灵山断褶带地质构造基本特征及其大地构造性质的探讨[J].地质科学,1980,2(2):126-132.
谢富仁,荆振杰,杜义,等.利用断层滑动矢量反演协庄矿区构造应力场[J].煤炭学报,2009,34(2):193-198.
徐汉林,杨以宁,沈扬.广西十万大山盆地构造特征新认识[J].地质科学,2001,36(3):359-363.
徐开礼,朱志澄. 构造地质学[M].北京:地质出版社 1989.
徐政语,姚根顺,林舸,等.江汉叠合盆地及邻区中生代以来盆山耦合数值模拟研究[J].大地构造与成矿学,2006,30(3):305-311.
杨克绳.中国含油气盆地结构和构造样式地震解释[M].北京:石油工业出版社,2006.
姚超,焦贵浩,王同和,等.中国含油气构造样式[M].北京:石油工业出版社,2004.
尹克坚.广西地区的水系展布与活动断裂及新构造应力场的关系[J].华南地震,1995,15(1):62-67.
尤绮妹,俞广,何忠泉,等.十万大山地区构造演化和含油气评价[J].海相油气地质,1998,3(1):11-22.
江汉油田石油地质志编写组.中国石油地质志(卷九):江汉油田[M].北京:石油工业出版,1991.
朱东亚,金之钧,胡文瑄.塔中地区热液改造型白云岩储层[J].石油学报,2009,30(5):698-705.
朱志澄. 构造地质学[M].武汉:中国地质大学出版社,1999.
邹和平.广东沿海新构造运动的大陆动力学背景[J].华南地震,2002,22(3):11-19.
周建勋,漆家福,童亨茂.盆地构造研究中的砂箱模拟实验方法[M].北京:地震出版社,1999.
张恺.论塔里木盆地类型、演化特征及含油气远景评价[J].石油与天然气地质,1990,11(1):1-15.
张明利,万天丰.含油气盆地构造应力场研究新进展[J].地球科学进展,1998,13(1):38-43.
张岳桥.广西十万大山前陆冲断推覆构造[J].现代地质,1999,13(4):150-156.
张荣强,吴时国,周雁,等.平衡剖面技术及其在济阳坳陷桩海地区的应用[J].海洋地质与第四纪地质,2008,28(6):135-140.
张进铎.平衡剖面技术在国内外油气勘探中的最新应用[J].地球物理学进展,2007,22(6):1 856-1 861.
张明山,陈发景.平衡剖面技术应用的条件及实例分析[J].石油地球物理勘探,1998,33(4):532-540.
张向鹏,杨晓薇.平衡剖面技术的研究现状及进展[J].煤田地质与勘探,2007,35(2):78-80.
Andreas H,Michal N. Stress and fracture prediction in inverted half-graben structure[J]. Journal of Structural Geology,2008,30:81-97.
Angelier J. Determination of the mean principal direction of stress for a given fault population [J]. Tectonophysics,1979.56(3~4):17-28.
Becker A,Gross M R. Mechanism for joint saturation in mechanically layered rocks:an example from southern Israel[J]. Tectonophysics,1996,257:223-237.
Bucher W H. The Deformation of the Earth's Crust[M]. Princeton:Princeton University Press,1933.
Bishop D,Buchanan P G. Development of structurally inverted basins:a case study from the West Coast, South Island, New Zealand[C]// Basin Inversion,1995:549-586.
Bulnes M,McClay K R. Structural analysis and kinematic evolution of the inverted central South Celtic Sea Basin[J]. Mar. Pet. Geol.,1998,15:667-687.
Buddin T S,Kane S J,Williams G D,et al. A sensitivity analysis of 3-dimensional restoration techniques using vertical and inclined shear constructions[J]. Tectonophysics,1997,269:33-50.
Chamberlin R T. The building of the Colorado Rockies[J]. J. Geol.,1919,27:225-251.
Chamberlin R T. The Appalachian folds of central Pennsylvania[J]. J. Geol.,1910,18:228-251.
Dahlstrom C D. A balanced cross sections[J]. Can. J. Geosci.,1969,6:743-759.
Gallagher K,Brown R W,Johnson C. Fission track analysis and its applications to geological problems[J]. Annual Reviews of Earth and Planetary Sciences,1998,26:519-572.

Johannes Duyster. StereoNett [EB/OL]. http://homepage.ruhr-uni-bochum.de/Johannes.P.Duyster/stereo1.htm, 2000.

Ramsay J G, Huber M J. 现代构造地质学方法:应变分析[M]. 刘瑞珣,译. 北京:地质出版社,1991.

Ramsay J G, Wood S D. A discussion on natural strain and geologic structures[J]. Phil. Trans. R. Soc., 1976, 283: 3-25.

Raquel N A, Edgardo C T, Jose L B, et al. Regional orientateon of tectonic stress and the stress expressed by post-subduction high-magnesium volcanism in northern Baja California, Mexico: Tectonics and volcanism of San Borja volcanic field[J]. Journal of Volcanology and Geothermal Research, 2010, 192: 97-115.

Sanderson D J. The determination of compaction strains using quasi-cylindrical objects[J]. Tectonophysics, 1976, 30: 25-32.

Takahiro T, Paul B O. Fundamentals of Fission-Track Thermochronology[J]. Reviews in Mineralogy & Geochemistry, 2005, 58(1): 19-47.

Wagner G A, Van den Haute P. Fission-track dating[M]. Dordrecht: Kluwer Acad, 1992.

Wang G M, Coward M P, Yuan W, et al. Fold growth during basin inversion-example from the East China Sea Basin[C]// Basin Inversion, 1995: 493-522.

Wood D S. Current views of the development of slaty cleavage[J]. Ann. Rev. Earth Sci., 1974, 2: 369-401.

# 附录一 典型盆地构造样式的地震剖面

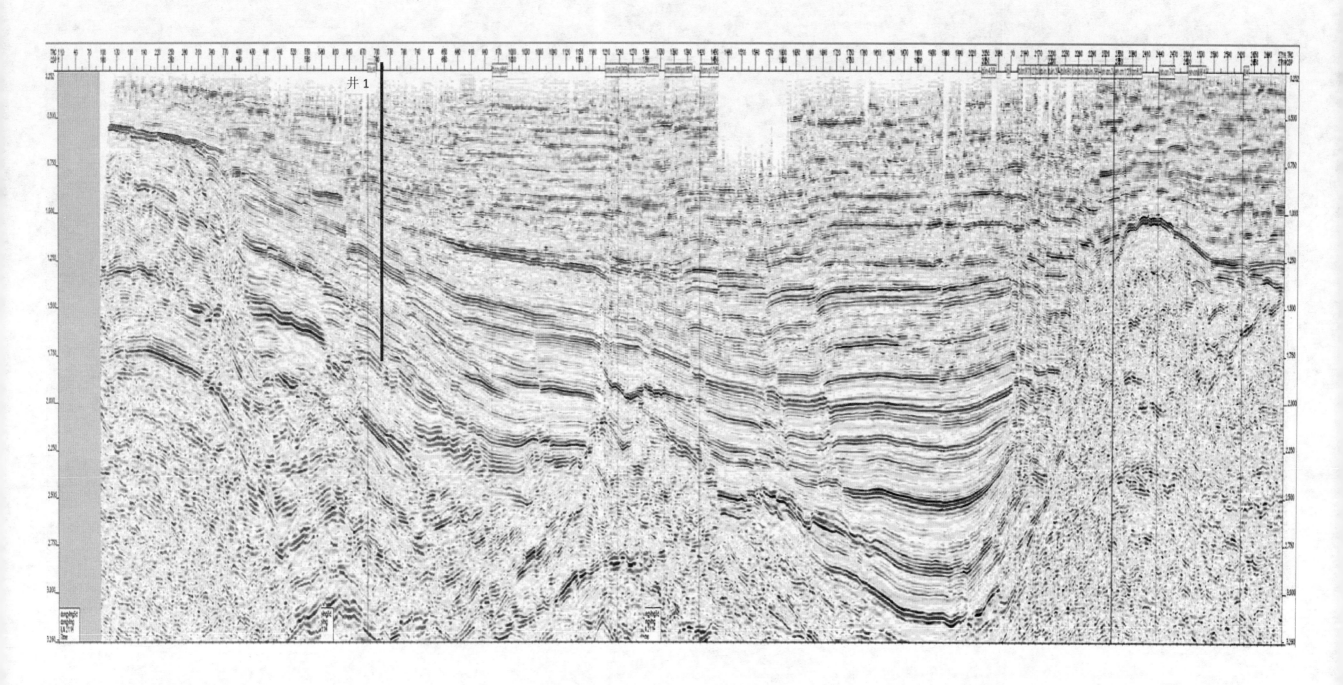

附图1 渤海湾盆地济阳坳陷东营凹陷南北向地震剖面图(剖面位置见图1-1)

# 附录一 典型盆地构造样式的地震剖面

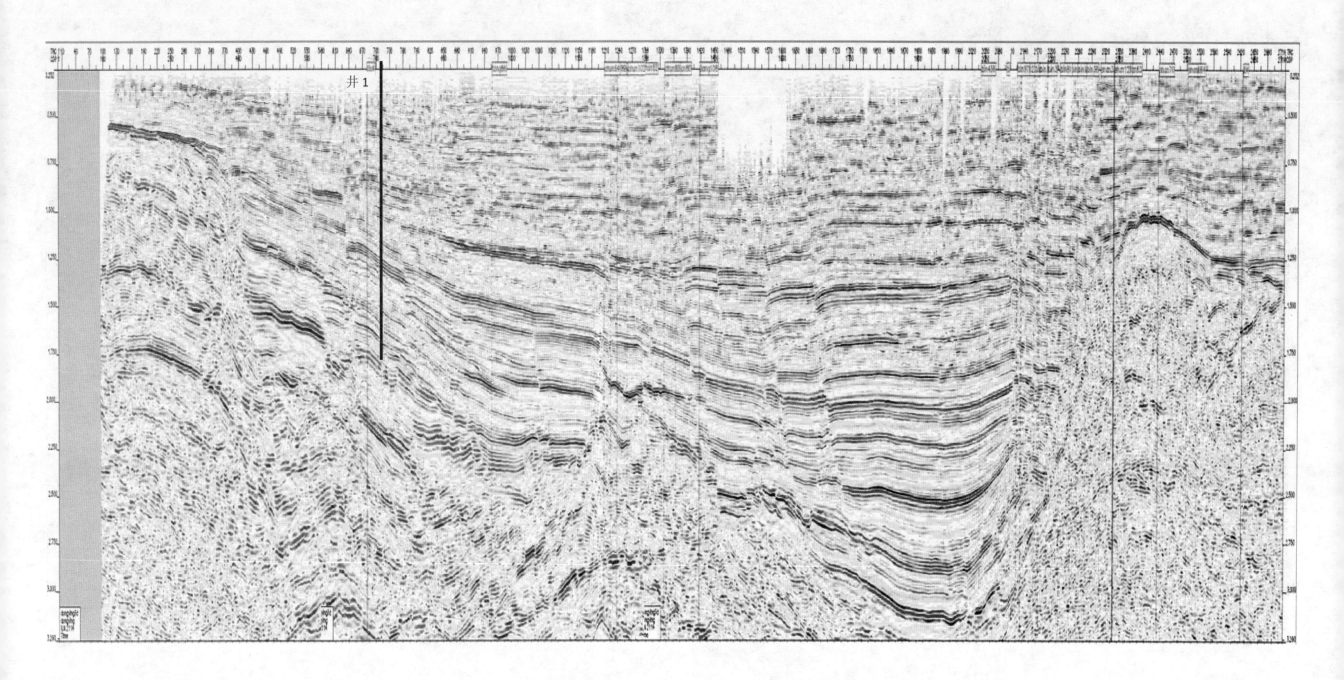

附图1 渤海湾盆地济阳坳陷东营凹陷南北向地震剖面图(剖面位置见图1-1)

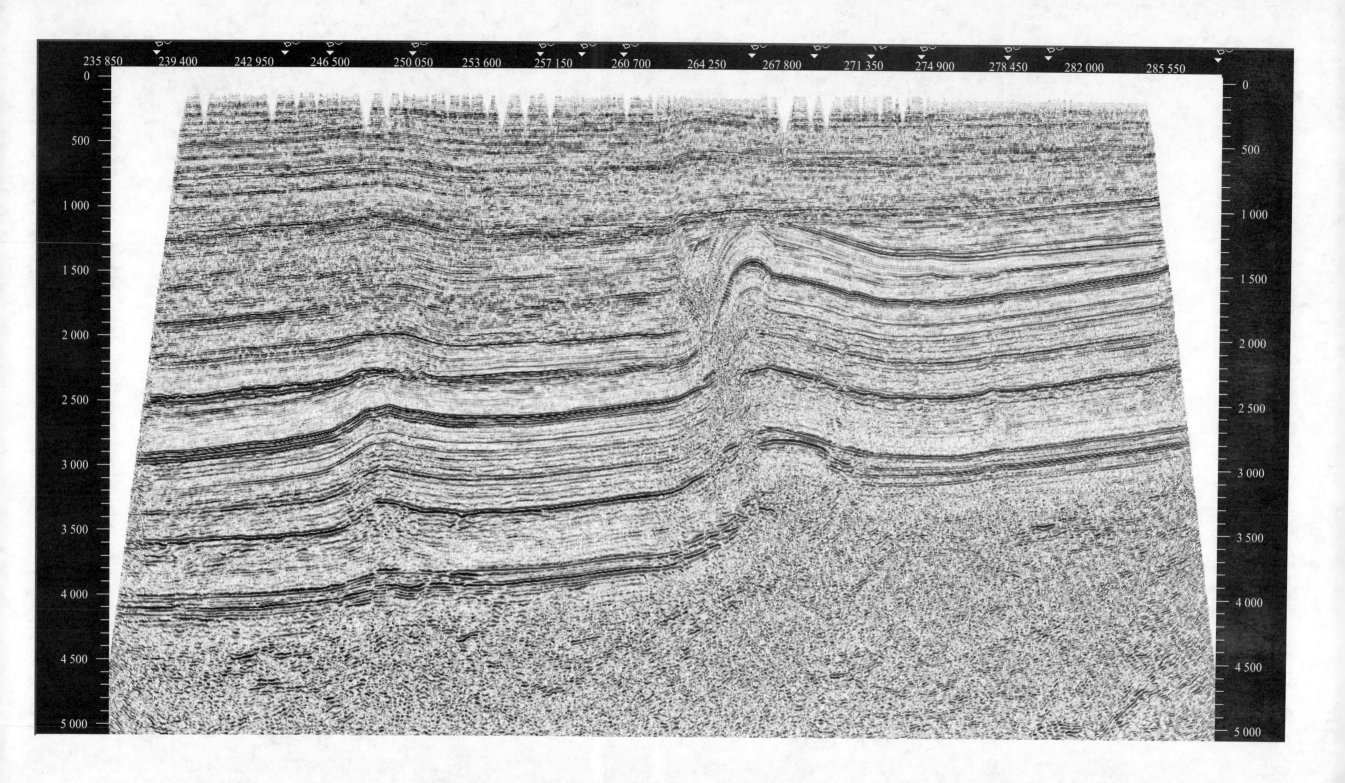

附图2 塔里木盆地巴楚隆起西南侧北东-南西向地震剖面图(剖面位置见图1-2)

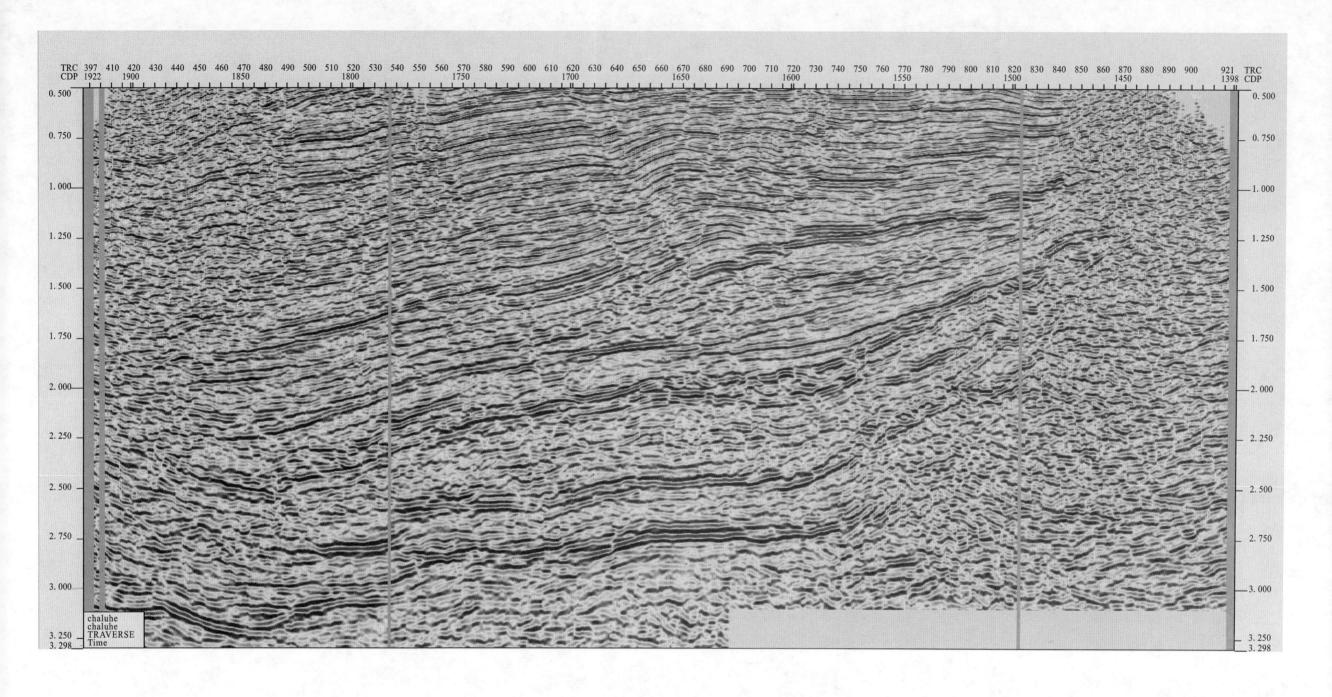

附图3 伊通盆地岔路河断陷东北侧北西-南东向地震剖面图(剖面位置见图1-3)

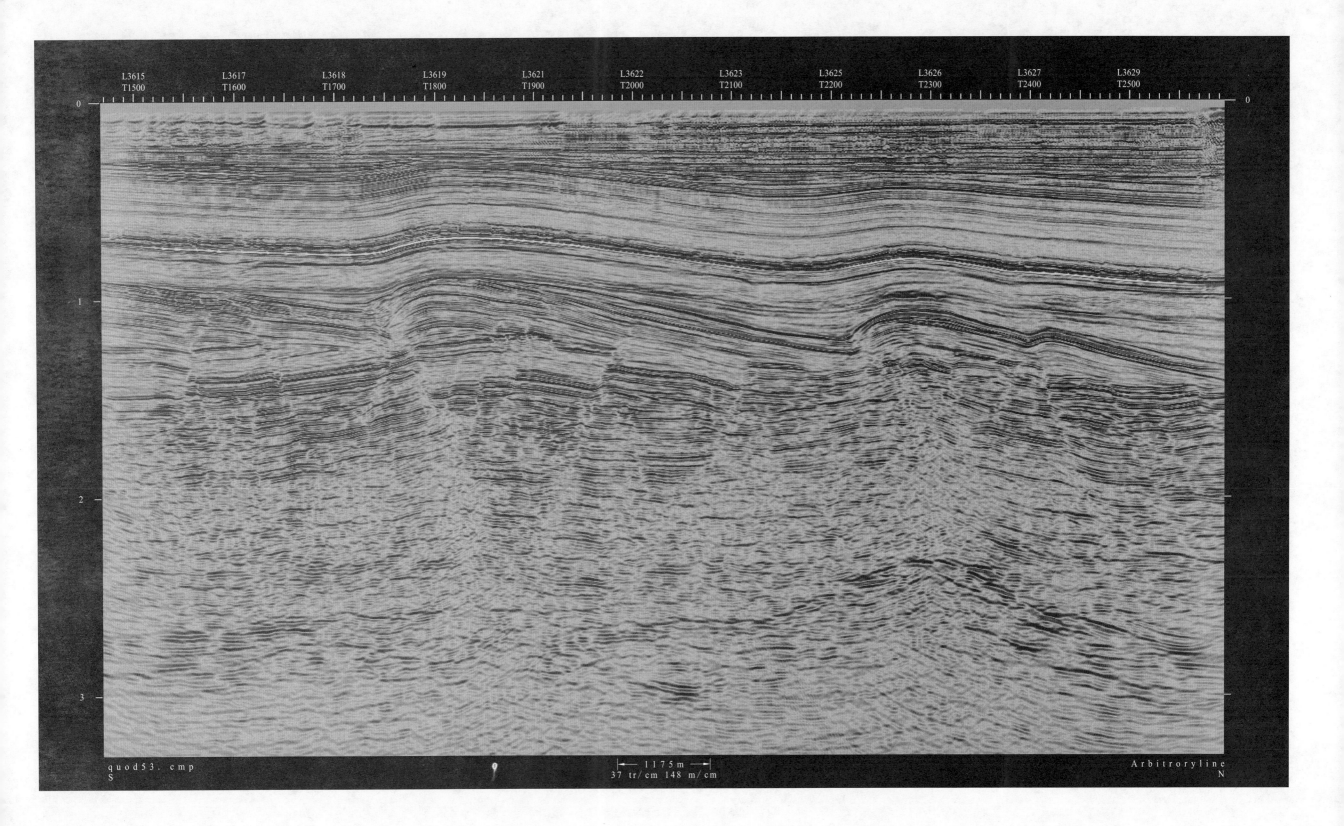

附图4 北海盆地南部典型反转构造地震剖面图

# 附录二 国际地层表

# 国际地层表
# INTERNATIONAL CHRONOSTRATIGRAPHIC CHART
www.stratigraphy.org
International Commission on Stratigraphy
August 2012

| Eonothem/Eon | Erathem/Era | System/Period | Series/Epoch | Stage/Age | GSSP | numerical age (Ma) |
|---|---|---|---|---|---|---|
| Phanerozoic 显生宇 (PH) | Cenozoic 新生界 (Kz) | Quaternary 第四系 (Q) | Holocene 全新统 | | | present |
| | | | Pleistocene 更新统 | Upper | | 0.0117 |
| | | | | Middle | | 0.126 |
| | | | | Calabrian | | 0.781 |
| | | | | Gelasian | | 1.806 |
| | | | | | | 2.588 |
| | | Neogene 新近系 (N) | Pliocene 上新统 | Piacenzian | | 3.600 |
| | | | | Zanclean | | 5.333 |
| | | | Miocene 中新统 | Messinian | | 7.246 |
| | | | | Tortonian | | 11.62 |
| | | | | Serravallian | | 13.82 |
| | | | | Langhian | | 15.97 |
| | | | | Burdigalian | | 20.44 |
| | | | | Aquitanian | | 23.03 |
| | | Paleogene 古近系 (E) | Oligocene 渐新统 | Chattian | | 28.1 |
| | | | | Rupelian | | 33.9 |
| | | | Eocene 始新统 | Priabonian | | 38.0 |
| | | | | Bartonian | | 41.3 |
| | | | | Lutetian | | 47.8 |
| | | | | Ypresian | | 56.0 |
| | | | Paleocene 古新统 | Thanetian | | 59.2 |
| | | | | Selandian | | 61.6 |
| | | | | Danian | | 66.0 |
| | Mesozoic 中生界 (Mz) | Cretaceous 白垩系 (K) | Upper 上白垩统 | Maastrichtian | | 72.1 ±0.2 |
| | | | | Campanian | | 83.6 ±0.2 |
| | | | | Santonian | | 86.3 ±0.5 |
| | | | | Coniacian | | 89.8 ±0.3 |
| | | | | Turonian | | 93.9 |
| | | | | Cenomanian | | 100.5 |
| | | | Lower 下白垩统 | Albian | | ~113.0 |
| | | | | Aptian | | ~125.0 |
| | | | | Barremian | | ~129.4 |
| | | | | Hauterivian | | ~132.9 |
| | | | | Valanginian | | ~139.8 |
| | | | | Berriasian | | ~145.0 |

| Eonothem/Eon | Erathem/Era | System/Period | Series/Epoch | Stage/Age | GSSP | numerical age (Ma) |
|---|---|---|---|---|---|---|
| Phanerozoic 显生宇 (PH) | Mesozoic 中生界 (Mz) | Jurassic 侏罗系 (J) | Upper 上侏罗统 | Tithonian | | 145.0 ±0.8 |
| | | | | Kimmeridgian | | 152.1 ±0.9 |
| | | | | Oxfordian | | 157.3 ±1.0 |
| | | | Middle 中侏罗统 | Callovian | | 163.5 ±1.0 |
| | | | | Bathonian | | 166.1 ±1.2 |
| | | | | Bajocian | | 168.3 ±1.3 |
| | | | | Aalenian | | 170.3 ±1.4 |
| | | | Lower 下侏罗统 | Toarcian | | 174.1 ±1.0 |
| | | | | Pliensbachian | | 182.7 ±0.7 |
| | | | | Sinemurian | | 190.8 ±1.0 |
| | | | | Hettangian | | 199.3 ±0.3 |
| | | | | | | 201.3 ±0.2 |
| | | Triassic 三叠系 (T) | Upper 上三叠统 | Rhaetian | | ~208.5 |
| | | | | Norian | | ~228 |
| | | | | Carnian | | ~235 |
| | | | Middle 中三叠统 | Ladinian | | ~242 |
| | | | | Anisian | | 247.2 |
| | | | Lower 下三叠统 | Olenekian | | 251.2 |
| | | | | Induan | | 252.2 ±0.5 |
| | Paleozoic 古生界 (Pz) | Permian 二叠系 (P) | Lopingian 乐平统 | Changhsingian | | 254.2 ±0.1 |
| | | | | Wuchiapingian | | 259.9 ±0.4 |
| | | | Guadalupian 瓜德鲁普统 | Capitanian | | 265.1 ±0.4 |
| | | | | Wordian | | 268.8 ±0.5 |
| | | | | Roadian | | 272.3 ±0.5 |
| | | | Cisuralian 乌拉尔统 | Kungurian | | 279.3 ±0.6 |
| | | | | Artinskian | | 290.1 ±0.1 |
| | | | | Sakmarian | | 295.5 ±0.4 |
| | | | | Asselian | | 298.9 ±0.2 |
| | | Carboniferous 石炭系 (C) | Pennsylvanian 宾夕法尼亚系 | Upper 上统 | Gzhelian | | 303.7 ±0.1 |
| | | | | Kasimovian | | 307.0 ±0.1 |
| | | | | Middle 中统 | Moscovian | | 315.2 ±0.2 |
| | | | | Lower 下统 | Bashkirian | | 323.2 ±0.4 |
| | | | Mississippian 密西西比系 | Upper 上统 | Serpukhovian | | 330.9 ±0.2 |
| | | | | Middle 中统 | Visean | | 346.7 ±0.4 |
| | | | | Lower 下统 | Tournaisian | | 358.9 ±0.4 |

| Eonothem/Eon | Erathem/Era | System/Period | Series/Epoch | Stage/Age | GSSP | numerical age (Ma) |
|---|---|---|---|---|---|---|
| Phanerozoic 显生宇 (PH) | Paleozoic 古生界 (Pz) | Devonian 泥盆系 (D) | Upper 上泥盆统 | Famennian | | 358.9 ±0.4 |
| | | | | Frasnian | | 372.2 ±1.6 |
| | | | Middle 中泥盆统 | Givetian | | 382.7 ±1.6 |
| | | | | Eifelian | | 387.7 ±0.8 |
| | | | Lower 下泥盆统 | Emsian | | 393.3 ±1.2 |
| | | | | Pragian | | 407.6 ±2.6 |
| | | | | Lochkovian | | 410.8 ±2.8 |
| | | | | | | 419.2 ±3.2 |
| | | Silurian 志留系 (S) | Pridoli 普里道利统 | | | 423.0 ±2.3 |
| | | | Ludlow 罗德洛统 | Ludfordian | | 425.6 ±0.9 |
| | | | | Gorstian | | 427.4 ±0.5 |
| | | | Wenlock 温洛克统 | Homerian | | 430.5 ±0.7 |
| | | | | Sheinwoodian | | 433.4 ±0.8 |
| | | | Llandovery 兰多维列统 | Telychian | | 438.5 ±1.1 |
| | | | | Aeronian | | 440.8 ±1.2 |
| | | | | Rhuddanian | | 443.4 ±1.5 |
| | | Ordovician 奥陶系 (O) | Upper 上奥陶统 | Hirnantian | | 445.2 ±1.4 |
| | | | | Katian | | 453.0 ±0.7 |
| | | | | Sandbian | | 458.4 ±0.9 |
| | | | Middle 中奥陶统 | Darriwilian | | 467.3 ±1.1 |
| | | | | Dapingian | | 470.0 ±1.4 |
| | | | Lower 下奥陶统 | Floian | | 477.7 ±1.4 |
| | | | | Tremadocian | | 485.4 ±1.9 |
| | | Cambrian 寒武系 (Є) | Furongian 芙蓉统 | Stage 10 | | ~489.5 |
| | | | | Jiangshanian | | ~494 |
| | | | | Paibian | | ~497 |
| | | | Series 3 | Guzhangian | | ~500.5 |
| | | | | Drumian | | ~504.5 |
| | | | | Stage 5 | | ~509 |
| | | | Series 2 | Stage 4 | | ~514 |
| | | | | Stage 3 | | ~521 |
| | | | Terreneuvian 纽芬兰统 | Stage 2 | | ~529 |
| | | | | Fortunian | | 541.0 ±1.0 |

| Eonothem/Eon | Erathem/Era | System/Period | GSSP/GSSA | numerical age (Ma) |
|---|---|---|---|---|
| Precambrian 前寒武系 | Proterozoic 元古宇 (PT) | Neoproterozoic 新元古界 (Pt3) | Ediacaran | ~541 |
| | | | Cryogenian | ~635 |
| | | | Tonian | 850 |
| | | Mesoproterozoic 中元古界 (Pt2) | Stenian | 1 000 |
| | | | Ectasian | 1 200 |
| | | | Calymmian | 1 400 |
| | | Paleoproterozoic 古元古界 (Pt1) | Statherian | 1 600 |
| | | | Orosirian | 1 800 |
| | | | Rhyacian | 2 050 |
| | | | Siderian | 2 300 |
| | Archean 太古宇 (AR) | Neoarchean 新太古界 | | 2 500 |
| | | Mesoarchean 中太古界 | | 2 800 |
| | | Paleoarchean 古太古界 | | 3 200 |
| | | Eoarchean 始太古界 | | 3 600 |
| Hadean 冥古宇 (HD) | | | | 4 000 |
| | | | | ~4 600 |

Units of all ranks are in the process of being defined by Global Boundary Stratotype Section and Points (GSSP) for their lower boundaries, including those of the Archean and Proterozoic, long defined by Global Standard Stratigraphic Ages (GSSA). Charts and detailed information on ratified GSSPs are available at the website http://www.stratigraphy.org

Numerical ages are subject to revision and do not define units in the Phanerozoic and the Ediacaran, only GSSPs do. For boundaries in the Phanerozoic without ratified GSSPs or without constrained numerical ages, an approximate numerical age (~) is provided.

Numerical ages for all systems except Triassic, Cretaceous and Precambrian are taken from 'A Geologic Time Scale 2012' by Gradstein et al. (2012); those for the Triassic and Cretaceous were provided by the relevant ICS subcommissions.

Coloring follows the Commission for the Geological Map of the World. http://www.ccgm.org

Chart drafted by K. M. Cohen, S. Finney, P. L. Gibbard
(c) International Commission on Stratigraphy, August 2012

# 附录三 中国区域地层时代表

**中国区域地层时代表**

REGIONAL CHRONOSTRAPHIC GEO-CHRONOLOGIC SCALE IN CHINA

| 代 | 纪 | 世 | 期 | Ma | 构造旋回及代表性地壳运动 | 国际对比 | 演化进程 |
|---|---|---|---|---|---|---|---|
| 新生代（界）$K_z$ | 第四纪（系）Q | 全新世(统)$Q_4$ Holocene | | 0.01 | 喜马拉雅 — 晚喜马拉雅 | Wallchina | 印度-欧亚大陆碰撞，青藏高原生成，西太平洋沟-弧-盆系出现 |
| | | 更新世(统) Fleistocene | $Q_3$ $Q_2$ $Q_1$ | | | | |
| | | | | 2.60 | | | |
| | 挽近纪（系）Tertiayr R | 新近纪（系）N | 上新纪(统)$N_2$ Pliocene | | | | |
| | | | | 5.3 | | | |
| | | | 中新世(统)$N_1$ Miocene | | | | |
| | | | | 23.3 | 早喜马拉雅 | | |
| | | 古近纪（系）E | 渐新世(统)$E_3$ Oligocene | | | Savian | |
| | | | | 32 | | | |
| | | | 始新世(统)$E_2$ Eocene | | | | |
| | | | | 56.5 | | | |
| | | | 古新世(统)$E_1$ Palcocene | | | | |
| 显生宙（宇）PH | 中生代（界）Mz | 白垩纪（系）Cretaceous K | 晚白垩世(统)$K_2$ | 马斯特里赫特期(阶) | 65 | 燕山运动 V | Austrian | |
| | | | | 坎潘期(阶) | | | | |
| | | | | 三冬期(阶) | | | | |
| | | | | 康尼亚克期(阶) | | | | |
| | | | | 土仑期(阶) | | | | |
| | | | | 赛诺曼期(阶) | 96 | 燕山运动 IV | | |
| | | | 早白垩世(统)$K_1$ | 阿尔比期(阶) | | | | 滇藏褶皱系自北向南发育，闽浙等大陆边缘火山-深成岩带生成，乌苏里褶皱封闭 |
| | | | | 巴列姆期(阶) | | | | |
| | | | | 欧特里期(阶) | | | | |
| | | | | 凡来吟期(阶) | | | | |
| | | | | 贝里阿斯期(阶) | | | | |
| | | 侏罗纪（系）Jurassic J | 晚侏罗世(统)$J_3$ | 提塘期(阶) | | | | |
| | | | | 基墨里期(阶) | 137 | 燕山运动 III | | |
| | | | | 牛津期(阶) | | | | |
| | | | | 卡洛期(阶) | 157.1 | 燕山运动 II | | |
| | | | 中侏罗世(统)$J_2$ | 巴通期(阶) | | | | |
| | | | | 巴柔期(阶) | | | | |
| | | | | 托尔期(阶) | 178 | 燕山运动 I | | |
| | | | 早侏罗世(统)$J_1$ | 普林斯巴期(阶) | | | | |
| | | | | 辛涅缪尔期(阶) | | | | |
| | | | | 赫塘期(阶) | | | | |
| | | | | 瑞替期(阶) | | | | |
| | | 三叠纪（系）Triassic T | 晚三叠世(统)$T_3$ | 诺利期(阶) | 205 | 印支运动 II | | 秦岭褶皱带封闭，统一的中国大陆生成，华北地台解体，亚洲东部活动大陆边缘出现 |
| | | | | 卡尼期(阶) | | | | |
| | | | | 拉丁期(阶) | 227 | 印支运动 I | Kimmeridian | |
| | | | 中三叠世(统)$T_2$ | 安尼期(阶) | | | | |
| | | | | 斯帕斯期(阶) | 241 | | | |
| | | | 早三叠世(统)$T_1$ | 那马尔(阶) | | | | |
| | | | | 哥里斯巴赫期(阶) | | | | |
| | | | | 长兴期(阶) | 250 | | | |

续表

| 代 | 纪 | 世 | 期 | Ma | 构造旋回及代表性地壳运动 | 国际对比 | 演化进程 |
|---|---|---|---|---|---|---|---|
| 显生宙(宇) PH | 中生代(界) Pz | 二叠纪(系) Permain P | 晚二叠世(统)P₂ | 长兴期(阶) | 257 | 东吴运动 | Salarian | 天山-兴蒙褶皱系封闭，华北、塔里木和西伯利亚连成一片。新生的华南地台进入早期裂解阶段 |
| | | | | 龙潭期(阶) | | | | |
| | | | 早二叠世(统)P₁ | 茅口期(阶) | 295 | | | |
| | | | | 栖霞期(阶) | | | | |
| | | | | 未名 | | | | |
| | | 石岩纪(系) Carboniferous C | 晚石岩世(统)C₂ | 马平期(阶) | | 天山运动 | Sudeitc | |
| | | | | 达达期(阶) | 320 | | | |
| | | | | 滑石板期(阶) | | | | |
| | | | 早石岩世(统)C₁ | 德坞期(阶) | | 海 | | |
| | | | | 大塘期(阶) | | 西 | | |
| | | | | 岩关期(阶) | | | | |
| | | | | 未名 | 354 | | | |
| | | 泥盆纪 Devonian D | 晚泥盆世(统)D₃ | 锡矿山期(阶) | | | | |
| | | | | 余田桥期(阶) | 372 | | | |
| | | | 中泥盆世(统)D₂ | 东岗岭期(阶) | | | | |
| | | | | 应堂期(阶) | 386 | | | |
| | | | | 四排期(阶) | | | | |
| | | | 早泥盆世(统)D₁ | 郁江期(阶) | | | | |
| | | | | 那高岭期(阶) | | | | |
| | | | | 莲花山期(阶) | 410 | 广西运动（祁连运动） | Caledonian | 扬子、华夏地板对接，华南褶皱带闭合。华北地台因祁连山褶皱带的闭合而向南增生 |
| | | 志留纪(系) Silurian S | 晚志留世(统)S₃ | 妙高期(阶) | | | | |
| | | | | 关底期(阶) | 423 | | | |
| | | | 中志留世(统)S₂ | 秀山期(阶) | 428 | | | |
| | | | | 白沙期(阶) | | | | |
| | | | 早志留世(统)S₁ | 石牛栏期(阶) | | | | |
| | | | | 龙马溪期(阶) | 438 | | | |
| | | 奥陶纪(系) Ordovician O | 晚奥陶世(统)O₃ | 钱塘江期(阶) | | | | |
| | | | | 艾家山期(阶) | 458 | 崇余运动 | Taconian | |
| | | | 中奥陶世(统)O₂ | 大湾期(阶) | | | | |
| | | | | 达瑞威尔期(阶) | 470 | | | |
| | | | 早奥陶世(统)O₁ | 道保湾期(阶) | | 加 | | |
| | | | | 新厂期(阶) | 490 | 郁南运动 | | |
| | | 寒武纪(系) Cambrian Ꞓ | 晚寒武世(统)Ꞓ₃ | 凤山期(阶) | | 里 | | |
| | | | | 长山期(阶) | | 东 | | |
| | | | | 固山期(阶) | 500 | | | |
| | | | 中寒武世(统)Ꞓ₂ | 张夏期(阶) | | | | |
| | | | | 徐庄期(阶) | | | | |
| | | | | 毛庄期(阶) | 513 | 兴凯运动 | Saalian | |
| | | | 早寒武世(统)Ꞓ₁ | 龙王庙期(阶) | | | | |
| | | | | 沧浪铺期(阶) | | | | |
| | | | | 筇竹寺期(阶) | | | | |
| | | | | 梅树村期(阶) | 543 | | | |
| 元古宙(宇) PT | 新元古代(界) Pt₃ | 震旦纪(系) Z | 晚震旦世(统)Z₂ | 灯影峡期(阶) | | | | |
| | | | | 陡山沱期(阶) | 630 | 澄江运动 | | |
| | | | 早震旦世(统)Z₁ | 南沱期(阶) | | | | |
| | | | | 莲沱期(阶) | 680 | 晋宁运动(扬子) | | |
| | | 南华纪(系) Nh | 晚南华世(统)Nh₂ | | | | | 扬子、塔里木地台生成，华北地台进入早期裂解阶段，一次新的大陆离散幕开始 |
| | | | 早南华世(统)Nh₁ | | 800 | 四堡运动 | Grenvillian | |
| | | 青白口纪(系) Qb | 晚青白口世(统)Qb₂ | | | 晋 | | |
| | | | 早青白口世(统)Qb₁ | | 1 000 | 宁 | | |
| | 中元古代(界) Pt₂ | 蓟县纪(系) Jx | 晚蓟县世(统)Jx₂ | | | | | |
| | | | 早蓟县世(统)Jx₁ | | 1 400 | 吕梁运动(中条) | Hudsonian | 华北、西伯利亚、印度成熟大陆壳生成 |
| | | 长城纪(系) Chc | 晚长城世(统)Ch₂ | | | 吕 | | |
| | | | 早长城世(统)Ch₁ | | 1 800 | 五台运动 | 梁 | |
| | 古元古代(界) Pt₁ | 滹沱纪(系) Ht | | | | | | |
| 太古宙(宇) AR | 新太古代(界) Ar₂ | 五台纪(系) Wt | | | 2 500 | 阜平运动 | Kenorian | 大陆型地壳开始发育内硅铝质活动带 |
| | | 阜平纪(系) Fp | | | | 阜 | | |
| | 古太古代(界) Ar₁ | 迁西纪(系) Qx | | | 2 800 | 平（迁西） | | |
| | | | | | 3 600 | | | |
| 冥古宙(宇) HD | | | | | | | | |

据：王鸿祯、李光岑编译. 国际地层时代对比表. 北京：地质出版社，1990.
马文璞编. 区域构造解析——方法理论和中国板块构造. 北京：地质出版社，1992：178-179.

# 附录四　实习报告的编写格式

## 一、封面要求如下

 中国地质大学(武汉)资源学院

# 本科生课程(实习)报告

课程名称：_____　　学　时：_____

题　　目：_____
　　　　　_____

学生姓名：_____　　学生学号：_____

专　　业：_____　　班　　级：_____

任课老师：_____　　完成日期：_____

报告评语：

| 成绩： | 评阅人签名： | 日期： |

## 二、内容目录要求如下（以实习七为例）

1. 实习目的和意义 ……………………………………………………………（ ）
2. 实习区区域地质概况 ………………………………………………………（ ）
3. 构造样式及变形特征 ………………………………………………………（ ）
4. 断层活动性及构造演化 ……………………………………………………（ ）
5. 构造成因探讨 ………………………………………………………………（ ）
6. 圈闭和油气藏分析 …………………………………………………………（ ）
7. 认识和建议 …………………………………………………………………（ ）

# 附录五 课堂讨论推荐题目

1. 构造样式的理解和典型地区构造样式的分析。
2. 我国典型盆地(油气勘探区)的生长断层特征和分析。
3. 国内外典型沉积盆地中底辟构造的认识。
4. 中国中部、西部扭动构造带与拉分盆地及油气勘探。
5. 逆冲断裂带油气勘探的方法和典型勘探实例。
6. 断层与油气封闭能力的讨论。
7. 流体作用与盆地构造作用的认识。
8. 非常规油气勘探中的构造问题。
9. 深水区油气勘探中构造的认识和分析。
10. 构造样式的叠加与复合及其典型实例。
11. 其他与石油构造分析有关的问题。